Otto Heckmann

Theorien der Kosmologie

Berichtigter Nachdruck

Springer-Verlag Berlin · Heidelberg · New York 1968

Prof. Dr. Otto Heckmann
Direktor der Europäischen Südsternwarte
Hamburg-Bergedorf

Die erste Auflage erschien 1942 als
Band 2 der Reihe »Fortschritte der Astronomie«

ISBN 978-3-642-49389-8 ISBN 978-3-642-49667-7 (eBook)
DOI 10.1007/978-3-642-49667-7

Softcover reprint of the hardcover 1st edition 1968
Library of Congress Catalog Card Number 68 – 56942. Printed in Germany

Titel-Nr. 00392

Vorbemerkungen zum berichtigten Nachdruck.

Der Verleger dieses Buches hat lange und schließlich doch vergeblich auf ein Manuskript einer 2. Auflage gewartet. Als es dem Verfasser noch leicht gewesen wäre, es zu schreiben, gab es kein Druckpapier. Als es wieder Papier gab, fehlte dem Verfasser die nötige Zeit und Muße, um den exponentiell angewachsenen Stoff zu meistern. Als es ihm gelang, E. SCHÜCKING als Mitarbeiter zu gewinnen, da konnten zwar einige Ansätze der 1. Auflage in mehreren Arbeiten weiter verfolgt werden; sodann wurden damals die Artikel über Kosmologie im 53. Bande des neuen Handbuchs der Physik gemeinsam verfaßt; diese beiden Handbuchartikel kann man als Ersatz für eine 2. Auflage dieses kleinen Buches gelten lassen.

Aber immer wieder ist nach der 1. Auflage gefragt worden, die vor 26 Jahren fast unmittelbar nach ihrem Erscheinen vergriffen war. Auf eine kürzliche Anfrage des Verlegers habe ich einem photographischen Neudruck zugestimmt, weil mir gestattet wurde, einige kritische Anmerkungen zu schreiben. Sie korrigieren Fehler und weisen hin auf Weiterführungen von Gedanken, die im Text rudimentär geblieben sind. Die in den Anmerkungen gegebenen Literatur-Zitate haben hauptsächlich den Zweck, ausführlichere Darlegungen zu vermeiden. Im Text wurden alle bekannt gewordenen Satzfehler berichtigt.

Das Buch hatte das auch heute noch nicht ganz erreichte Ziel, die oft im positiven wie im negativen Sinne überbetonten Unterschiede zwischen der NEWTONschen Theorie (NT) und der EINSTEINschen Theorie (ET) zu vermindern und von falschen Bewertungen zu befreien. Das Verständnis der ET selbst ebenso wie das ihres Verhältnisses zur NT wurde inzwischen, und besonders im letzten Jahrzehnt, wesentlich verbessert und vertieft. Vermutlich sind aber wichtige Arbeiten nicht weit über einen kleinen Kreis von Spezialisten hinaus bekannt geworden. Deshalb sei hier verwiesen auf das Buch von TRAUTMAN, PIRANI und BONDI, Lectures of General Relativity, London, 1965 (Prentice Hall), besonders auf Chap. 5 (TRAUTMAN). Für eine kinematische Kennzeichnung relativistischer kosmologischer Modelle vergl. man EHLERS, Akad. Wiss. Mainz, Abh. Math. Phys. Kl. Nr. 11 (1961). Eine Analyse der kinematischen Kennzeichnung der isotropen kosmologischen Modelle der NT und einen Vergleich mit den entsprechenden Modellen der ET findet man bei TRÜMPER, Z. Astrophys. **66**, 215, (1967). Zur Frage der Singularitäten sowie der Bedeutung der 3°K Strahlung vergl. KUNDT, Recent Progress in Cosmology in „Springer Tracts" Nr. 47 (1968). — Im übrigen sei hingewiesen auf das Buch von MCVITTIE, General Relativity and Cosmology, 2nd Edit. London 1965.

Eine 2. Auflage des vorliegenden Buches müßte im Sinne seines Titels auch inzwischen neu aufgekommene Theorien referieren. Man vergl. dazu den zweiten der beiden bereits oben angeführten Artikel Hdb. d. Physik **53**, 520—537, 1959, obwohl auch dieser schon wieder veraltet ist. Nur wenig neuer ist der sehr summarische Bericht des Verfassers General Review of Cosmological Theories in „Problems of Extragalactic Research", edit. by G. C. MCVITTIE, New York 1962 (S. 429 bis 438).

Herrn Dr. M. TRÜMPER danke ich für kritische Durchsicht der Anmerkungen auf S. 102—104.

Hamburg-Bergedorf, im Juni 1968.

O. HECKMANN.

Vorwort.

Der folgende Bericht besteht aus drei Teilen:

Der erste behandelt die von MILNE und MCCREA (Lit.-Verz. Nr. 45 und 52) entdeckten weitreichenden kosmologischen Möglichkeiten im Rahmen der klassischen Mechanik. Man darf vermuten, daß ein um 40 Jahre früheres Bekanntwerden der Rotverschiebungen in den Spektren der außergalaktischen Nebel die meisten Entwicklungen des ersten Teiles schon damals hätte entstehen lassen. Als aber die Ansätze zu diesen Überlegungen zu verdorren schienen und an ihrer Stelle die Kosmologie der allgemeinen Relativitätstheorie in Wechselwirkung mit der Beobachtung trat, da glaubte man irrtümlich, die einzigartige Leistungsfähigkeit dieser Theorie an einem der klassischen Mechanik unzugänglichen Problem schlagend demonstriert zu haben. Um der Gerechtigkeit willen verdient jetzt, nachdem im Felde der Kosmologie die weitgehende Gleichwertigkeit des älteren mit dem jüngeren Lehrgebäude erkannt ist, die „klassische" oder „dynamische" Kosmologie eine breite Darstellung. Zwar sind nämlich die beiden grundlegenden Arbeiten von MILNE und MCCREA von diesen Autoren später gelegentlich erwähnt worden. Doch haben sie weder in Deutschland, wo die Polemik gegen die Relativitätstheorie eigentlich eine günstige Atmosphäre hätte schaffen müssen, noch auch in anderen Ländern Resonanz in weiteren Arbeiten gefunden. Mit der MILNEschen Erkenntnis ist ein beträchtlicher methodischer Gewinn verbunden. Denn wir wissen nun, daß man auch in der Dynamik von Sternsystemen durch Verwendung der relativistischen Mechanik neben mathematischen Komplikationen kaum ein vertieftes Verständnis der Phänomene gewinnt, solange man normale und nicht extrem ausgeartete Fälle zu betrachten wünscht. Man darf also z. B. nicht hoffen, aus der relativistischen Mechanik oder auch aus irgendwelchen Modifikationen des NEWTONschen Gravitationsgesetzes weitergehenden Aufschluß über die Natur der Spiralnebel zu gewinnen als aus der klassischen Mechanik und Gravitationstheorie.

Der zweite Teil des Berichts behandelt die von FRIEDMANN und LEMAÎTRE stammende Kosmologie der allgemeinen Relativitätstheorie. Die der Einführung in den Ideenkreis der Relativitätstheorie dienenden Abschn. 11 und 12 waren unerläßlich, wenn nicht alle folgenden Entwicklungen ganz in der Luft schweben sollten. Leider liegt es in der Natur des formalen Apparates der Relativitätstheorie, daß die Darstellung im ganzen zweiten Teil nicht so elementar bleiben konnte wie im ersten. Der wesentliche Unterschied gegenüber anderen Darstellungen ist die ausführliche Wiedergabe der neueren Entwicklung in der Beziehung von Theorie und Beobachtung in Abschn. 17. Dieser Abschnitt ist so breit gehalten, daß er mit seinen sechs Unterabschnitten fast einen selbständigen dritten Teil hätte bilden können, um so mehr, als er in mancher Hinsicht nicht allein die Theorie des zweiten Teiles, sondern auch die des ersten der Beobachtung gegenüberstellt. Doch sind die hypothetischen Betrachtungen über die Lichtfortpflanzung des Abschn. 9 nicht konkurrenzfähig gegenüber denjenigen von Abschn. 16. Somit ist es richtig, den Vergleich von Theorie und Beobachtung im Rahmen der relativistischen Kosmologie zu belassen.

Eine wirkliche Vollständigkeit ist in den beiden ersten Teilen nicht erstrebt worden, sondern eine zusammenhängende Darstellung der nach der Meinung des Referenten wesentlichen Grundzüge der Theorie.

Im dritten Teil des Berichtes, der der LORENTZinvarianten oder kinematischen Kosmologie von MILNE gewidmet ist, mußte die Darstellung notwendig skizzenhaft werden, weil viele der zu behandelnden Fragen in der Literatur bisher leider nicht genügend diskutiert worden sind. Im großen und ganzen ist das Schaffen MILNES auf diesem Gebiet so monologisch gewesen, daß manche Einseitigkeiten übertrieben stark in den Vordergrund traten. Die Darstellung ist deshalb oft sehr zurückhaltend und am Schluß bewußt kritisch. Es ist zu wünschen, daß an der Klärung der durch MILNE aufgeworfenen Fragen stärker gearbeitet wird, besonders in einem Lande, das so wesentliche Beiträge zum Aufbau der Gruppen- und Invariantentheorie geleistet hat wie das unsere.

Die Literatur vor 1933 findet man bei H. P. ROBERTSON: Relativistic Cosmology. Rev. Modern Physics **5**, 62—90 (1933). Deshalb enthält das Literaturverzeichnis des vorliegenden Berichts neben den Monographien im Teil A die nach Meinung des Referenten wichtigeren seit 1933 erschienenen Arbeiten aus dem eigentlichen Fragengebiet des Berichts. Wo es nötig oder wünschenswert erschien, wurde der Inhalt einer Arbeit schlagwortartig charakterisiert. Der Teil B bringt Arbeiten, die irgendwie mit den Rotverschiebungen fertig zu werden versuchen, ohne sie als DOPPLER-Effekt zu deuten. Sie stehen in keinem Zusammenhang mit dem Text. Da oft ältere Literatur zitiert werden mußte, konnten Hinweise nicht durchweg in der jetzt üblichen Form auf das Literaturverzeichnis bezogen werden. Um der Einheitlichkeit willen sind deshalb alle Anmerkungen und Literaturhinweise als Fußnoten gebracht worden.

Die Formeln sind in jedem Teile durchnumeriert. Bei Formelhinweisen innerhalb des gleichen Teiles ist nur die Nummer der Formel angegeben. Anderenfalls ist der Teil als römische Ziffer hinzugefügt.

Zum Schluß habe ich aufrichtig zu danken: Den Herren HEISENBERG und HUND in Leipzig für sorgfältige und kritische Durchsicht großer Teile des Manuskripts, den Herren BLASCHKE, JENSEN und LENZ in Hamburg für die Durchsicht der Druckfahnen, meinen Bergedorfer Kollegen KRUSE und LARINK für Ratschläge und Mithilfe beim Lesen der Korrektur, besonders aber dem Herausgeber dieser Sammlung für die Anregung zu diesem Bericht und sein ständiges, tätiges Interesse sowie dem Verlag für seine große Geduld.

Hamburg-Bergedorf, im September 1941.

O. HECKMANN.

Inhaltsverzeichnis.

Einleitung.

Die Vorstellung, daß der Raum bis ins Unendliche mit Sternen erfüllt sei ohne Abnahme ihrer Zahl, mag bis in die Zeiten des DEMOKRIT zurückreichen. Doch war mit ihr ein mechanisches Problem erst aufgeworfen, als sie verknüpft wurde mit NEWTONS Idee der allgemeinen Schwere der Materie. OLBERS gibt in seinem bekannten Aufsatz in BODES Jahrbuch 1826, worin er die Absorption des Lichtes einführt, um die Vorstellung von der unendlichen Erfülltheit des Raumes mit Sternen zu schützen gegen den Einwand, daß der Himmel nicht sonnenhell sei, eine Bemerkung HALLEYS wieder, die Materie müsse um des allgemeinen Gleichgewichts willen sich ins Unendliche erstrecken, weil sie sonst zusammenstürze. Hier scheint einer der frühesten Fälle mechanischer Betrachtungsweise in unserem Problem vorzuliegen. Doch brauchen wir auf die Spekulationen des 18. Jahrhunderts über den Aufbau der Welt nicht weiter einzugehen, da in ihnen eine kritische Durcharbeitung der Frage nicht versucht wird.

Die Arbeiten von C. NEUMANN[1] und H. v. SEELIGER[2] haben wesentlich die Bedeutung, jene Schwierigkeiten hervorgehoben zu haben, die sich aus der Annahme eines mit Materie ganz erfüllten euklidischen Raumes unter Zugrundelegung des NEWTONschen Gesetzes ergeben, wenn man verlangt:

1. daß die Materieverteilung eine nichtverschwindende mittlere Dichte habe (wobei die „mittlere Dichte" als Grenzwert der in einem beliebigen Volumen V enthaltenen Masse M_V dividiert durch V für $V \to \infty$ definiert ist),

2. daß die Materieverteilung statisch sei.

Die zweite Forderung fallenzulassen, lag damals kein empirischer Grund vor[3]. Dagegen hätte man — statt das NEWTONsche Gesetz

---

[1] C. NEUMANN: Über das Newtonsche Prinzip der Fernwirkung, S. 1 u. 2. Leipzig 1896 — s. a. Leipziger Ber. Math.-Phys. Kl. 1874, 149.

[2] SEELIGER: Astron. Nachr. **137**, 129 (1895) — Münch. Ber. Math.-Phys. Kl. **1896**, 373; **1909**, 4. Abhandlung.

[3] In der Kontroverse SEELIGER—WILSING (Astron. Nachr. **137** und **138**) deutet WILSING mit Recht an, daß vom theoretisch-mechanischen Standpunkte aus die Bedingung der statischen Verteilung möglicherweise die Ursache der Schwierigkeiten sei.

aufzugeben, wie beide Autoren vorschlugen — mit der schon ein Jahrhundert vorher (etwa bei LAMBERT[1]) vorhandenen Vorstellung eines hierarchischen Aufbaues der Materie des Universums sehr wohl die mittlere Dichte der Welt (in obigem Sinne) als verschwindend annehmen können bei nirgends verschwindender lokaler Dichte und ohne irgendein Weltgebiet auszuzeichnen. Dadurch hätte man Schwierigkeiten mit dem NEWTONschen Gesetz vermieden, doch wurde diese Vorstellung erst später konsequent durchdacht[2]. Selbst die Aufgabe der euklidischen Struktur des Raumes hätte damals leicht in Betracht gezogen werden können, nachdem eine Übertragung der klassischen Mechanik auf nichteuklidische Räume längst geleistet war[3].

Als A. EINSTEINS allgemeine Relativitätstheorie auf den Plan trat, sah sie sich zunächst ähnlichen Schwierigkeiten gegenüber bei der Behandlung des statischen Problems wie die NEWTONsche Mechanik. Die Erweiterung ihrer Grundgleichungen um das kosmologische Glied[4] lieferte dann die Möglichkeit eines mit statischer Materie gleichmäßig erfüllten Raumes. Das λ-Glied wirkte in diesem Falle nach zwei Richtungen: 1. war es einer Abänderung des NEWTONschen Gesetzes weit-

[1] LAMBERT: Kosmologische Briefe über die Einrichtung des Weltbaues. Augsburg 1761 — s. a. K. SCHWARZSCHILD: Über Lamberts kosmologische Briefe. Göttinger Nachr. **1907**, H. 2.

[2] FOURNIER d'ALBE: Two new Worlds. London 1907. Deutsch von M. IKLÉ: Zwei neue Welten. Leipzig 1909. — CHARLIER: Ark. f. Mat., Astron. och Fys. **4**, Nr. 24 (1908); **16**, Nr. 22 (1922). — SELETY: Ann. d. Phys. **68**, 281 (1922); **72**, 58 (1923); **73**, 291 (1924). — Bemerkungen zur ersten Arbeit SELETYS von EINSTEIN: Ann. d. Phys. **69**, 436 (1922). Bei SELETY weitere Literatur.

[3] GAUSS' Stellung zur nichteuklidischen Geometrie ist bekannt. Über die möglichen Beziehungen der nichteuklidischen Geometrie zur Wirklichkeit hat GAUSS undeutliche Vorstellungen gehabt. Im Briefe an BESSEL vom 9. April 1830 heißt es: . . .,,Wir müssen in Demut zugeben, daß, wenn die Zahl bloß unseres Geistes Produkt ist, der Raum auch außer unserem Geiste eine Realität hat, der wir a priori ihre Gesetze nicht vollständig vorschreiben können." Im Briefe an BOLYAI vom 6. März 1832 betont GAUSS (ausdrücklich gegen KANT), daß unser a priorisches Wissen vom Raum anders geartet sei als das von der Zahl. — STÄCKEL in ,,GAUSS als Geometer" (Gauß' Werke X, 2) führt an, daß GAUSS von SCHWEICKART das Wort ,,astralische" Geometrie für nichteuklidische Geometrie übernommen habe, weil er mit ihm einer Meinung gewesen sei darüber, daß die Entscheidung zwischen euklidischer und nichteuklidischer Geometrie eine astronomische Angelegenheit sei. — Von DIRICHLET wissen wir, daß er die Potentialtheorie in nichteuklidischen Räumen untersucht hat, allerdings ohne seine Überlegungen zu veröffentlichen (vgl. LOBATSCHEFSKIJ: Zwei geometrische Abhandlungen, S. 444. Leipzig 1898). — SCHERING dehnt 1870 und 1873 das Gravitationsgesetz aus auf nichteuklidische und mehrdimensionale Räume (Ges. Werke **1**, 155 u. 177). — Über Mechanik in nichteuklidischen Räumen vgl. ferner u. a. KILLING: J. f. Math. **98**, 1 (1885). — LIEBMANN: Leipziger Ber. **1902**, 393. — Wegen astronomischer Anwendungen vgl. z. B. SCHWARZSCHILD: Vierteljahrsschr. d. Astron. Ges. **35**, **337** (1900). — HARZER: Jber. Deutsch. Math.-Vereinig. **17**, 237 (1908).

[4] EINSTEIN: S.-B. preuß. Akad. Wiss. **1917**, 142.

gehend äquivalent, 2. ermöglichte es gleichzeitig im Rahmen der für die Relativitätstheorie typischen Interpretation von Gravitationsfeldern als Gebieten nichteuklidischer Weltmetrik die zwanglose Einführung eines geschlossenen sphärischen oder elliptischen Raumes.

Der stärkste Impuls zur heutigen Kosmologie ging dagegen von den merkwürdigen Eigenschaften eines anderen Weltmodells aus, das DE SITTER auf Grund der erweiterten Feldgleichungen der allgemeinen Relativitätstheorie herleitete[1]. Er glaubte schließen zu müssen, daß in diesem von dem EINSTEINschen grundverschiedenen Modell jede Lichtquelle eine von ihrer Entfernung vom Beobachter abhängige Rotverschiebung zeigen müßte; doch war die mathematisch-physikalische Interpretation des Modells zunächst noch (infolge ungeeigneter Koordinatenwahl) zu unklar, als daß die Art der Abhängigkeit (selbst ihr Sinn) festgestanden hätte. Trotzdem haben die frühen Versuche[2], die SLIPHERschen Messungen der Rotverschiebung bei außergalaktischen Nebeln mit anderen Daten dieser Nebel zu kombinieren, ihre Anregung wesentlich von der Theorie her erhalten. Die DE SITTERsche Welt wurde bald als Spezialfall allgemeinerer nichtstatischer Modelle erkannt[3]. Die allgemeine Beschäftigung mit diesen Modellen erhielt nun umgekehrt ihren wesentlichen Impuls von der Erfahrung her durch die Entdeckung der bekannten linearen Beziehung zwischen Rotverschiebung und Entfernung der Nebel (HUBBLE 1929). Die auf der allgemeinen Relativitätstheorie aufbauende Kosmologie wollen wir wegen ihrer Grundlage kurz „metrische“ Kosmologie nennen.

Eine neue erkenntniskritische Schärfe kam in die Diskussion durch das Eingreifen von E. A. MILNE[4], der seit 1932 in ganz anderer Richtung eine Kosmologie und Gravitationstheorie zu entwickeln begann, zum Teil in bewußtem Gegensatz zu derjenigen der allgemeinen Relativitätstheorie. Sie ist noch nicht abgeschlossen, trägt aber so neuartige Züge, daß wir ihre Grundgedanken im folgenden behandeln müssen. Wir wollen sie mit einem Schlagwort „LORENTZinvariante“ oder „kinematische“ Kosmologie nennen, weil sie ganz auf der Forderung aufgebaut ist, nur kinematische Elemente zu ihrem Aufbau zu benutzen und die das Universum erfüllende Materie zu beschreiben in Relationen, die gegenüber LORENTZ-Transformationen invariant sind.

---

[1] DE SITTER: Proc. Akad. Wet. Amsterdam **19**, 1217 (1917) — Monthly Not. Roy. Astron. Soc. **78**, 3 (1917).

[2] Die Wechselwirkung zwischen Theorie und Beobachtung in dieser Zeit ist beschrieben bei HUBBLE: The Realm of the Nebulae. Oxford 1936. Deutsch von K. O. KIEPENHEUER. Braunschweig 1938.

[3] Literatur bis 1932 einschließlich bei ROBERTSON: Rev. Modern Physics **5**, 62 (1933).

[4] Zusammenfassung bei MILNE: Relativity, Gravitation, and World-Structure. Oxford 1935. — MILNE: Kinematic Relativity. Oxford 1948.

Mit dieser Theorie nicht zu verwechseln ist eine andere, leider nur wenig beachtete Kosmologie, die 1934 ebenfalls von MILNE (zum Teil gemeinsam mit W. H. McCREA) gegeben wurde[1]. Wir wollen sie kurz „NEWTONsche" oder „dynamische" Kosmologie nennen, weil sie weitgehend auskommt mit altvertrauten Begriffen und Vorstellungen der klassischen Mechanik, die sie anwendet auf nichtstatische Materieverteilungen im ganzen euklidischen Raume.

Wenn auch der stärkste Impuls für alle kosmologischen Überlegungen der letzten Jahre ausging von der Erforschung der kosmischen Stellung der extragalaktischen Nebel, so wird doch der Zusammenhang zwischen den Ergebnissen der Nebelforschung und der Kosmologie nicht immer klar erkannt. Manchmal wird die Meinung vertreten, wenn es gelänge, einen optischen Elementarprozeß zu finden, der die Rotverschiebung in den Nebelspektren einwandfrei, ohne die Annahme von DOPPLER-Verschiebungen, zu deuten erlaubt, so könne man die Kosmologie mit ihren Extrapolationen entbehren. Damit ist aber die Frage nach dem mechanischen Zusammenhalt — etwa nach dem Gleichgewicht — der ungeheuren Massen im System der Nebel nicht beantwortet, sondern man hat höchstens seine Uninteressiertheit an diesem Problem erklärt. Vorläufig, wo wir solche Prozesse nicht kennen, sondern ad hoc ersinnen müßten, wird durch diese Haltung die Kosmologie ohne Not — nur aus Unbehagen vor der „Phantastik" kosmischer Bewegungen — gelöst von einem empirischen Befund, der sich zwanglos in sie einfügt. Aber angenommen, ein solcher Prozeß würde bekannt: Müßte man auch dann zum Verständnis des mechanischen Zustandes des Nebelsystems notwendig bis zu Ideen wie „die Welt als Ganzes" und vielleicht zu unendlichen Extrapolationen aufsteigen?

Man nehme an, daß NEWTONsche Mechanik und Gravitation zur Grundlage der Deutung des Zustandes im erfahrbaren Bereich der Nebel gewählt werden. Die Behauptung, die Gesamtheit der Objekte in diesem Bereich bilde in strengem Sinn ein abgeschlossenes System, ist sofort als weltweite Extrapolation zu erkennen, weil sie identisch ist mit der Behauptung völliger Leere jenseits der Grenzen dieser Gesamtheit. Dazu käme die fundamentale Schwierigkeit, die im Begriff der Trägheit im Rahmen NEWTONscher Mechanik liegt. Da, wo diese Mechanik sich bewährt hat, handelt es sich stets um solche Systeme, die in das allgemeine Feld der Fixsterne eingebettet sind, das man für die Trägheit verantwortlich machen kann. Die Behandlung eines im völlig leeren Raum schwebenden Systems mit den Mitteln der NEWTONschen Mechanik zwänge wieder zur Auffassung von der Trägheit als

[1] MILNE: Quart. J. Math., Oxford Ser. **5**, 64 (1934). — MILNE u. McCREA: Quart. J. Math., Oxford Ser. **5**, 73 (1934). — Vgl. auch MILNES Buch (s. S. 3 Anm. 4) Kap. IV und XVI.

Resultat einer Beschleunigung relativ zum absoluten Raum[1]. Man könnte ja dabei stehenbleiben; aber befriedigend wäre diese Haltung nicht und auch keinesfalls ein Verzicht auf kosmologische Spekulation. Somit, wenn schon die Extrapolation nicht vermieden werden kann, ist es besser, sie derart vorzunehmen, daß die NEWTONsche Mechanik stets sinnvoll ohne Überspannung ihres Trägheitsbegriffes anwendbar bleibt; d. h. man muß annehmen, daß die Materie der Welt den ganzen Raum erfülle.

Eine Abänderung der geometrischen oder mechanischen Grundsätze innerhalb der von der Erfahrung zugelassenen Grenzen würde die kosmologischen Folgerungen insofern harmloser machen können, als man etwa zu endlicher, geschlossener Unbegrenztheit der Welt käme[2]. Aber es scheint nicht möglich zu sein, mechanische Deutungen der Gesamtheit der beobachteten Nebel zu geben, die konsequent ohne extrapolatorische Begriffe und Relationen auskommen, so daß man wohl auf jeden Fall zur Idee der Welt als eines Ganzen und zu ihrer Behandlung mit irgendwelchen mechanischen Grundsätzen gedrängt wird.

Man steht also vor der Frage, in welcher Weise die Extrapolationen vorzunehmen seien. Die in der Nebelverteilung von HUBBLE behauptete hohe Gleichförmigkeit und die Entfernungsproportionalität der als DOPPLER-Effekt gedeuteten Rotverschiebungen legten den Gedanken nahe, eine vollkommene Homogenität zu fordern, so daß jeder Beobachter, wo in der Welt er auch stehen mag, das gleiche Bild von der Verteilung der Nebel und ihrer Geschwindigkeiten hat. Nach allem vorhergehenden liegt für diese Annahme völliger Homogenität aber kein Zwang vor. Ihr Charakter ist also der eines Postulats oder Axioms der kosmologischen Theorien. Es ist evtl. durchaus möglich, dieses Axiom durch ein weniger einschränkendes zu ersetzen, etwa die obenerwähnte hierarchische Anordnung der Weltmaterie zu postulieren. Die Schmiegsamkeit dieser Vorstellung ist enorm. Sie ist bisher zwar nicht zur Darstellung der Rotverschiebungen in den Nebelspektren aus-

[1] MILNE: Nature **140**, 382 (1937). (Referat über die 2. Auflage von FOWLER: Statistical Mechanics.)

[2] In diesem Zusammenhange ist die bei kosmologischen Überlegungen kaum beachtete Tatsache wichtig, daß euklidische (auch hyperbolische) Räume sehr wohl endlich und unbegrenzt sein können: Man braucht nur eine gewisse „Gitterstruktur“ in sie einzuführen, sie in periodisch wiederkehrende Elementarzellen eingeteilt zu denken, um zu sehen, daß ein topologischer Unterschied eines periodischen Raumes nicht existiert gegenüber einem nur aus einer Elementarzelle bestehenden, sofern man jede Menge homologer Punkte in einem Falle „einen“ Punkt nennt im anderen. Also ist Euklidizität keinesfalls mit unendlicher Erstreckung des Raumes identisch. Über diese KLEIN-CLIFFORDschen Raumformen vgl. F. KLEIN: Vorlesungen über nichteuklidische Geometrie. Berlin 1928. Kap. IX: Das Problem der Raumformen. S. a. E. PESCHL: Über die Gestalten des Raumes. 8. Semesterbericht des Mathematischen Seminars der Univ. Münster, Münster 1936. Dort weitere Literatur.

gestaltet worden. Das kann aber keine Schwierigkeiten bereiten[1]. Auch andere Inhomogenitäten können grundsätzlich zugelassen werden.

Wenn man das Homogenitätsaxiom annimmt, wie es in der Literatur zur Zeit weitgehend geschieht, so sind noch sehr verschiedene Wege möglich, ihm jeweils einen Inhalt zu geben, weil man von verschiedenen formalen Grundelementen ausgehen kann. Man mag die Differentialgesetze der NEWTONschen Mechanik zur Beschreibung des Weltganzen benutzen wollen oder diejenigen der EINSTEINschen Gravitationstheorie oder irgendwelche andere; prinzipiell steht man vor der Frage: Innerhalb welcher Grenzen sind die elementaren Differentialgesetze der Geometrie, der Bewegungsgleichungen und Erhaltungssätze noch willkürlich, wenn sie überhaupt geeignet sein sollen, einem Homogenitätsaxiom unterworfen zu werden? Diese Frage wurde zuerst von MILNE[2] gestellt und teilweise beantwortet. Mit ihrer Behandlung würde eine streng systematisch-deduktive Darstellung der Kosmologie zu beginnen haben. Doch würde sich daraus für unseren Bericht von vornherein eine starke mathematische Belastung ergeben. Wenn auch im folgenden auf prinzipielle Fragen mehr Gewicht gelegt werden soll als auf die Mitteilung zahlreicher Einzelheiten, so ist doch eine vom Einfachen zum Komplizierten aufsteigende Darstellung vorzuziehen. Die Reihenfolge der zu besprechenden kosmologischen Theorien ist damit vorgezeichnet:

Im ersten Teil wird die „NEWTONsche" oder „dynamische" Kosmologie so weit entwickelt werden, daß sie sowohl ihre eigenen Züge klar zeigt wie auch jene, die für alle vom Homogenitätspostulat Gebrauch machenden Kosmologien typisch sind. Hier wird die Darstellung ausführlicher sein als in den anderen Teilen, weil dann die späteren Fragestellungen allen Lesern, die dem Gebiete fernerstehen, leichter verständlich werden dürften.

Im zweiten Teil wird die „metrische" Kosmologie der allgemeinen Relativitätstheorie behandelt. Dabei wird nicht ihre Neuartigkeit gegenüber der klassischen Mechanik in den Vordergrund geschoben, sondern mehr Wert auf ihre Verwandtschaft gelegt, die man bald erkennt, wenn der formale Apparat zur Selbstverständlichkeit geworden ist.

Im dritten Teil wird die „kinematische" oder LORENTZinvariante Kosmologie besprochen. Es wird darauf verzichtet, sie mit einer eigens zu ihrer Rechtfertigung geschaffenen Philosophie zu verknüpfen, wie es ihr Urheber MILNE oft getan hat. Vielmehr sollen die Züge herausgearbeitet werden, die sie mit den beiden anderen Kosmologien gemeinsam hat. Die Unterschiede werden dabei von selbst genügend klar werden.

---

[1] Aus dem speziellen Modell, das weiter unten (bes. Abschn. 5) behandelt wird, läßt sich eine Kugel homogener Dichte herauslösen, die sich als Ganzes ausdehnt oder zusammenzieht. Solche Kugeln könnte man als Elemente des hierarchischen Weltaufbaues benutzen.

[2] MILNE: Z. Astrophys. **6**, 1 (1933).

Erster Teil.

Dynamische Kosmologie[1].

1. Die Grundgesetze der Materie.

Die das Universum erfüllende Materie wollen wir wie ein Gas behandeln, dessen Moleküle die Spiralnebel sind. Die linearen Dimensionen von Volumelementen seien groß gegen die mittlere Entfernung zweier benachbarter Nebel. Wir beschreiben die Materie durch zwei skalare Funktionen, die Massendichte $\varrho(x_1, x_2, x_3, t)$ und den Druck $p(x_i, t)$ sowie durch einen Strömungsvektor v_i, dessen Komponenten ebenfalls Funktionen der kartesischen Ortskoordinaten x_i $(i = 1, 2, 3)$ und der „absoluten" Zeit t sind. Die für diese Funktionen nötigen Differenzierbarkeitsvoraussetzungen formulieren wir nicht besonders; sie sollen implizite in den mit den Funktionen vorzunehmenden Prozessen mitgegeben sein.

Die Forderung der Erhaltung der Masse ist niedergelegt in der Kontinuitätsgleichung

$$(1) \qquad \frac{\partial \varrho}{\partial t} + \frac{\partial(\varrho v_i)}{\partial x_i} = 0$$

(über doppelt auftretende lateinische Indizes ist, wenn nicht das Gegenteil bemerkt wird, von 1 bis 3 zu summieren), die also aussagt, daß eine Zunahme der in einem Volumen enthaltenen Masse nur erfolgen soll durch Einströmen von Massen durch die Oberfläche des Volumens. Der Vektor der Massenströmung kann auch passend als Vektor der Impulsdichte bezeichnet werden.

Die Forderung der Erhaltung des Impulses wird niedergelegt in den drei Gleichungen

$$(2) \qquad \frac{\partial(\varrho v_i)}{\partial t} + \frac{\partial(\varrho v_i v_k)}{\partial x_k} = -\frac{\partial p}{\partial x_i} - \varrho \frac{\partial \Phi}{\partial x_i},$$

die aussagen, daß die Zunahme des Impulses in einem Volumen (1. Glied links) erfolgt:

a) durch Einströmen von impulstragender Materie (2. Glied links, daher der Name „Impulsstrom" für den Tensor $\varrho v_i v_k$);

b) durch die unregelmäßig die Oberfläche des Volumens durchschwärmenden Partikeln und die Impulsübertragungen zwischen diesen

[1] Vgl. zum ganzen Teil I die S. 4 Anm. 1 angegebene Literatur. Die im Text gewählte Darstellung deckt sich weitgehend mit der bei HECKMANN: Nachr. Ges. Wiss. Göttingen, N. F. **3**, 169 (1940).

Partikeln infolge der zwischen ihnen herrschenden Wechselwirkungen ihrer gegenseitigen Anziehung (1. Glied rechts); die „Isotropie", d. h. Richtungsunabhängigkeit, dieser Schwarmbewegungen und Spannungen kommt darin zum Ausdruck, daß ein Druckskalar statt eines Drucktensors von vornherein eingeführt wurde;

c) durch die Wirkung von Gravitationsfeldern vom Potential Φ auf die Massen im Innern des Volumens (2. Glied rechts); diese Wirkung umfaßt sowohl den Einfluß von Feldern, die durch die Oberfläche hindurch auf die inneren Massen wirken, wie auch den Gesamteinfluß dieser inneren Massen auf sich selbst.

Die Forderung, daß die Gesamtheit der Massen, deren Bewegung durch (1) und (2) beschrieben wird, nur den Gravitationskräften unterliegt, die sie auf sich selbst ausübt, wird niedergelegt in der POISSONschen Gleichung

$$\Delta\Phi = \frac{\partial^2\Phi}{\partial x_1^2} + \frac{\partial^2\Phi}{\partial x_2^2} + \frac{\partial^2\Phi}{\partial x_3^2} = 4\pi G\varrho\,, \tag{3}$$

wo G die Gravitationskonstante ist.

Mit Rücksicht auf (1) läßt sich (2) in die bekannte Form

$$\frac{Dv_i}{Dt} = \frac{\partial v_i}{\partial t} + v_k\frac{\partial v_i}{\partial x_k} = -\frac{\partial\Phi}{\partial x_i} - \frac{1}{\varrho}\frac{\partial p}{\partial x_i} \tag{2a}$$

bringen.

Die Gleichungen (1), (2) bzw. (2a) und (3) drücken eindeutig aus, daß wir uns nicht allein im Bereich der NEWTONschen Mechanik und der NEWTONschen Gravitationsauffassung zu bewegen gedenken, sondern daß wir auch ganz eindeutig die euklidische Geometrie benutzen. Es wäre leicht, die Erhaltungssätze (1) und (2) sowie das Gravitationsgesetz (3) unter Beibehaltung ihres physikalischen Inhaltes so zu formulieren, daß sich das durch sie beschriebene Geschehen in einem nichteuklidischen Raume abspielte[1]. Doch müßte — und darin läge der

[1] Ist etwa $d\sigma^2 = g_{ik}dx^i dx^k$ die RIEMANNsche Metrik des dreidimensionalen Raumes, so würde die für beliebige Maßbestimmung gültige und gegenüber beliebigen Koordinatentransformationen invariante Formulierung der Gesetze (1), (2a) und (3) lauten

$$\frac{\partial\varrho}{\partial t} + \frac{1}{\sqrt{g}}\frac{\partial(\sqrt{g}\,\varrho v^i)}{\partial x^i} = 0;$$

$$\frac{\partial v^i}{\partial t} + v^k v^i_{(k)} = -g^{ik}\frac{\partial\Phi}{\partial x^k} + \frac{1}{\varrho}\frac{\partial p}{\partial x^k}\,;$$

$$\frac{1}{\sqrt{g}}\frac{\partial}{\partial x^k}\left(g^{ik}\sqrt{g}\,\frac{\partial\Phi}{\partial x^i}\right) = 4\pi G\varrho\,.$$

Hier ist g die Determinante der g_{ik}; g^{ik} sind die durch g dividierten Unterdeterminanten der g_{ik}. Φ, ϱ, v^i haben die analoge Bedeutung wie die entsprechenden Größen Φ, ϱ, v_i des Textes. $v^i_{(k)}$ bedeutet „kovariante Ableitung" nach x^k (vgl. Abschn. 12). Die Gleichungen gehen in die des Textes über, sobald $g_{ik} = 0$ oder 1, wenn $i \neq k$ oder $i = k$, wenn also im euklidischen Raume kartesische Koordinaten gewählt werden.

Unterschied zur Relativitätstheorie — die nichteuklidische Struktur durch Angabe ihrer Metrik $d\sigma^2 = g_{ik}\, dx^i dx^k$ *a priori* vorgegeben werden, weil wir im Rahmen der NEWTONschen Physik kein Mittel hätten, um sie durch die Materie und ihr Verhalten gleichzeitig mit den Größen ϱ, p, v_i, Φ mitzubestimmen. Zöge man also die Preisgabe der euklidischen Struktur an dieser Stelle in Betracht, so müßte man schon anderweitig tiefgreifende Gründe dafür aufzeigen. Doch steht es frei, wie S. 5, Anm. 2 gesagt, den euklidischen Raum endlich und unbegrenzt zu denken. Man hat allerdings kein Mittel zur Verfügung, sein Volumen aus dem Materiegehalt zu bestimmen. Da die Möglichkeiten der NEWTONschen Mechanik in solchen Raumformen nicht untersucht sind, wollen wir im weiteren den euklidischen Raum als unendlich ansehen.

Die Gleichungen (1) bis (3) sind nur ein blasses Schema, dem sich zwar das zu konstruierende Weltmodell zu fügen hat, das aber noch so unbestimmt viele Lösungen besitzt (schon weil es — mangels Vorgabe einer Zustandsgleichung — 6 Funktionen in 5 Gleichungen verbindet), daß notwendig ganz neue Gesichtspunkte hinzutreten müssen, um eindeutige Lösungen zu erhalten.

2. Die zulässigen Beobachter.

Wir wollen die Materie, deren orts- und zeitabhängiges Strömungsfeld durch die Größen ϱ, p, v_i beschrieben wird, fortan das „Substrat" nennen. Wenn wir die Strömung des Substrats statt auf das System S mit den Koordinaten x_i auf ein dagegen beliebig bewegtes S' mit den Koordinaten x'_i beziehen, dessen Achsen aber parallel zu denjenigen von S sein sollen, so haben wir zunächst

$$x_i = a_i + x'_i, \tag{4}$$

wo der zeitabhängige Vektor a_i die Lage von S' relativ zu S beschreibt. Daraus folgt, daß die von S aus in einem Punkt P beobachtete Strömung v_i mit der von S' aus im gleichen Punkte beobachteten Strömung v'_i zusammenhängt durch

$$v_i(x, t) = \frac{d a_i}{dt} + v'_i(x', t), \tag{5}$$

wo links das Argument x durch (4) zu ersetzen ist (in den Argumenten von $v_i, v'_i \ldots$ unterdrücken wir die Indizes der Einfachheit halber). Die Gleichungen (5) enthalten das Additionstheorem der Geschwindigkeiten, das also eine Vorschrift enthält über die Art und Weise, wie man ein einmal vorgegebenes Strömungsfeld v_i auf ein anderes, relativ zum ersten beliebig bewegtes Koordinatensystem umzurechnen hat.

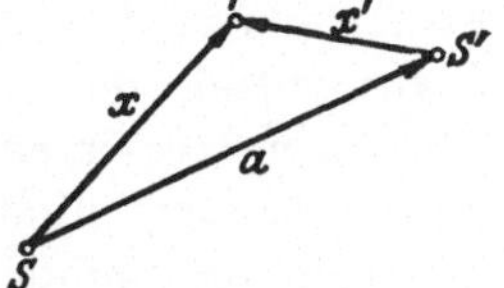

Abb. 1. Zwei verschiedene Beobachter S und S' schauen auf den gleichen Punkt P.

Jetzt schränken wir die zulässigen Systeme $S, S', S'' \ldots$ in folgender Weise ein: Wir verlangen, daß alle Strömungsfelder $v_i, v'_i, v''_i \ldots$, die in der geschilderten Weise auseinander hervorgehen, im Ursprung des jeweiligen Koordinatensystems verschwinden sollen. Es soll also gelten (identisch in t)

$$(6)\quad \begin{cases} v_i(x,t) \equiv 0, & \text{wenn } x_i = 0, \\ v'_i(x',t) \equiv 0, & \text{,,}\quad x'_i = 0, \\ v''_i(x'',t) \equiv 0, & \text{,,}\quad x''_i = 0, \text{ usw.} \end{cases}$$

Anschaulich gesprochen: Alle verschiedenen Beobachter (im Ursprung ihrer jeweiligen Koordinatensysteme gedacht) schwimmen mit dem Substrat; in ihrer unmittelbaren Nachbarschaft (ungenau ausgedrückt) herrscht also keine Strömung von ihrem jeweiligen System aus gesehen. Wir haben also gerade ∞^3 verschiedene Koordinatensysteme, deren jedes von der in seinem Ursprung herrschenden Strömung mitgenommen wird. In dieser Verabredung liegt natürlich eine Einschränkung der zunächst willkürlich gebliebenen Funktionen a_i in den Transformationsformeln (4): Setzt man nämlich $x'_i = 0$ (faßt also von S aus den Ursprung von S' ins Auge), so ist nach Voraussetzung $v'_i(0,t) = 0$; $x_i = a_i$, und aus (5) folgt

$$(7)\qquad \frac{d a_i}{d t} = v_i(a,t).$$

Diesem System von Differentialgleichungen haben die a_i stets zu genügen. Man kann das Additionstheorem (5) jetzt in der speziellen Gestalt

$$(8)\qquad v'_i(x-a,t) = v_i(x,t) - v_i(a,t)$$

schreiben. Es enthält — um es noch einmal zu betonen — nur die Verabredung darüber, was mit dem Symbol v'_i gemeint sein soll beim Übergang von einem unserer ∞^3 Systeme S auf ein anderes S'. — Im ganzen gesehen haben wir in diesem Abschnitt nur eine Fiktion von im Weltsubstrat geeignet stationierten Beobachtern formuliert.

3. Das Weltpostulat.

Den Schritt zur eigentlichen Kosmologie tun wir nun, indem wir fordern, daß die zulässigen Beobachter alle die gleiche Weltansicht haben sollen; d. h. die Beschreibung der Welt, die einer von ihnen von S aus mittels der Funktionen ϱ, p, v_i liefert, soll übereinstimmen mit derjenigen, die irgendein anderer von S' aus in den Größen ϱ', p', v'_i gibt. Genauer: Findet der Beobachter in S an irgendeiner Stelle $P^{(1)}$ in einem bestimmten Augenblick t bestimmte Werte von ϱ, p, v_i, so soll der Beobachter in S' im gleichen Augenblick t an der von $P^{(1)}$ verschiedenen Stelle $P^{(2)}$, die relativ zu S' die gleichen Koordinaten habe wie $P^{(1)}$ relativ zu S, die gleichen Werte ϱ', p', v'_i finden. Es soll also identisch in t gelten:

$$(9)\quad \begin{cases} \varrho(x^{(1)},t) \equiv \varrho'(x^{(2)\prime},t), & \text{wenn}\quad x^{(1)} = x^{(2)\prime}, \\ p(x^{(1)},t) \equiv p'(x^{(2)\prime},t), & \text{,,}\quad x^{(1)} = x^{(2)\prime}, \\ v_i(x^{(1)},t) \equiv v'_i(x^{(2)\prime},t), & \text{,,}\quad x^{(1)} = x^{(2)\prime}. \end{cases}$$

Die ursprünglich verschiedenen Funktionen ϱ und ϱ', p und p', v_i und v_i' sollen also identisch sein. Also kann man die Akzente an den Größen ϱ, p, v_i ein für allemal fortlassen. Dann folgt mit Rücksicht auf (4) zunächst

$$\varrho(x, t) = \varrho'(x', t) = \varrho(x', t) = \varrho(x - a, t).$$

Also sind

$$\varrho(x, t) = \varrho(t) \tag{10}$$

und

$$p(x, t) = p(t) \tag{11}$$

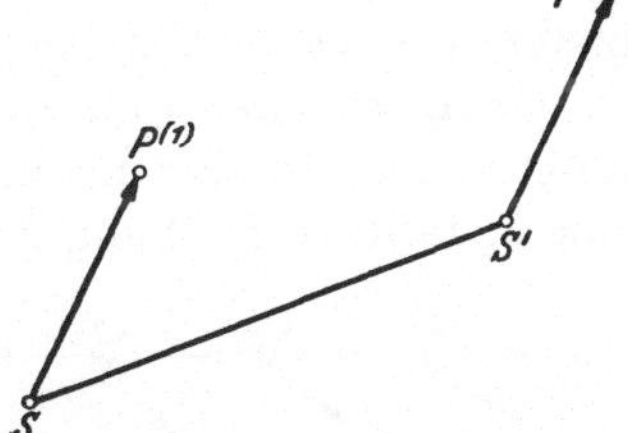

Abb. 2. Der Beobachter in S schaut auf einen Punkt $P^{(1)}$, derjenige in S' auf einen anderen, $P^{(2)}$; $P^{(2)}$ hat aber in bezug auf S' die gleiche Lage wie $P^{(1)}$ in bezug auf S.

Funktionen von t allein. Für die Strömungen ergeben sich durch Fortlassen des Akzents auf der linken Seite von (8) die drei Differenzengleichungen

$$v_i(x - a, t) = v_i(x, t) - v_i(a, t), \tag{12}$$

wo die a_i natürlich dem System (7) zu genügen haben. Ist neben a_i auch b_i eine Lösung von (7), so gilt

$$\frac{d a_i}{d t} - \frac{d b_i}{d t} = \frac{d(a_i - b_i)}{d t} = v_i(a, t) - v_i(b, t),$$

also nach (12)

$$\frac{d(a_i - b_i)}{d t} = v_i(a - b, t).$$

Ist aber neben a_i und b_i auch $a_i - b_i$ eine Lösung von (7), so muß (7) ein lineares System sein; d. h. die v_i müssen die Form haben

$$v_i = a_{ik}(t) x_k \quad \text{oder} \quad v_1 = a_{11}x_1 + a_{12}x_2 + a_{13}x_3 \text{ usw.}, \tag{13}$$

wo die neun Funktionen a_{ik} nur die Zeit enthalten.

Um diese „linearen Strömungsfelder" und ihren Zusammenhang mit der Homogenitätsforderung des kosmologischen Prinzips oder Weltpostulats anschaulich zu machen, betrachten wir die folgende Abbildung 3, die das ebene Strömungsfeld $v_1 = 0{,}2x_1$, $v_2 = -0{,}1x_2$ wiedergibt. Außer dem Beobachter S in der Mitte des Bildes wurde noch ein zweiter, S', im 2. Quadranten angenommen. Seine Geschwindigkeit relativ zu S ist gekennzeichnet durch den Pfeil in S'. Die Strömung, welche S' beobachtet, ist durch die punktierten Pfeile angedeutet, welche durch geometrische Subtraktion der Relativgeschwindigkeit von S' zu S von den ausgezogenen Pfeilen gewonnen sind. Greifen wir z. B. den Punkt $(1, -3)$ relativ zu S heraus, so sieht man, daß der dort stehende ausgezogene Pfeil die gleiche Größe und Richtung hat wie der punktierte Pfeil, der im analogen Punkte (von S aus $(-1, 0)$, von S' aus $(1, -3)$) liegt.

Wegen der Zeitabhängigkeit der a_{ik} hat sich schon nach kurzer Zeit ein solches Bild in ein anderes verwandelt. Die Pfeile geben also nicht die wirklichen Bahnen der Substratelemente wieder, sondern nur das instantane Vektorfeld der Strömung.

Wenn wir die Funktionen $a_{ik}(t)$ keiner weiteren Einschränkung unterwerfen, so sind in ihnen auch Strömungsfelder enthalten, welche eine instantane Drehung des Weltsubstrates relativ zu jedem zulässigen

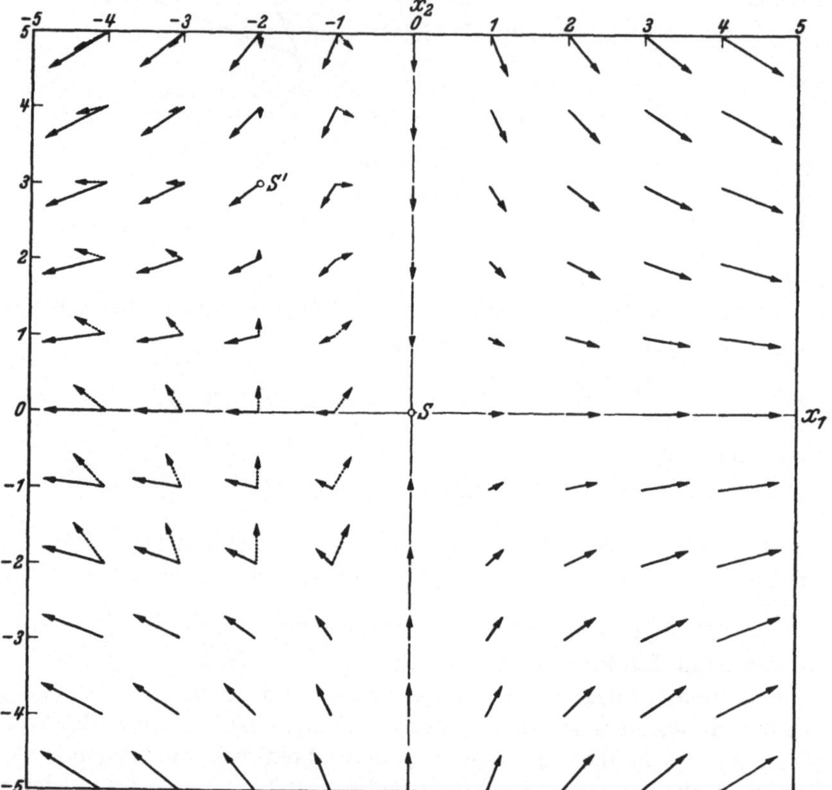

Abb. 3. Das lineare Strömungsfeld $v_1 = 0{,}2\,x_1$; $v_2 = -0{,}1\,x_2$. Die punktierten Pfeile bieten von S' aus das gleiche Bild wie die ausgezogenen von S aus.

Beobachter enthalten, also z. B. das Aussehen der folgenden Abbildung 4 zeigen, die das Strömungsfeld $v_1 = -0{,}2x_2$; $v_2 = 0{,}2x_1$ wiedergibt. Die Beobachter würden zu der Auffassung kommen, daß sie ihre Koordinatensysteme ungeeignet gewählt haben[1] und ihre Weltbeschrei-

[1] In dem Sinne, daß ihre Koordinatensysteme keine Beschreibung mechanischer Vorgänge in der Form der Newtonschen Bewegungsgleichungen (2a) gestatten, also keine Inertialsysteme sind. Es ist aber zu betonen, daß die folgende Spezialisierung ohne Einschränkung der Allgemeinheit stets möglich ist, weil ein dynamisches Argument aus Gründen der Systematik an dieser Stelle nicht benutzt werden sollte.

bung auf Koordinaten beziehen, relativ zu welchen keine Drehung des Substrates stattfindet. Diese Verabredung läuft darauf hinaus, in der Matrix

$$a_{ik} = \tfrac{1}{2}(a_{ik} + a_{ki}) + \tfrac{1}{2}(a_{ik} - a_{ki})$$

den zweiten, schiefsymmetrischen Anteil identisch verschwinden zu lassen, also vorauszusetzen

$$a_{ik} = a_{ki}. \tag{14}$$

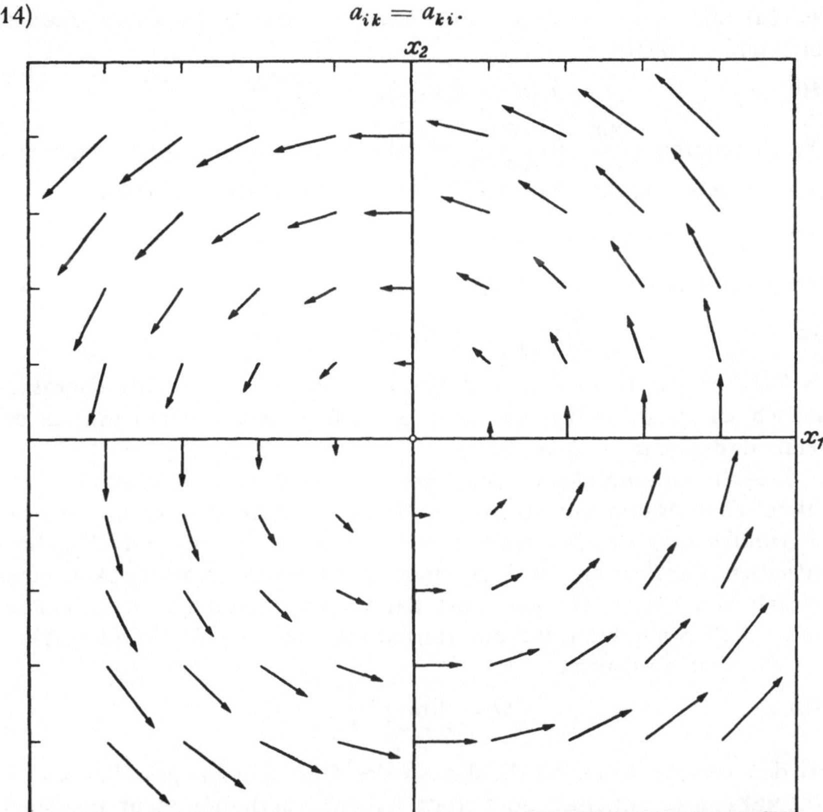

Abb. 4. Strömungsfelder, die wie das abgebildete $v_1 = -0{,}2\,x_2$; $v_2 = 0{,}2\,x_1$ eine Drehung enthalten, werden von der weiteren Betrachtung ausgeschlossen.

4. Die Unmöglichkeit einer statischen Welt.

In mathematischer Hinsicht spielt die durch das Weltpostulat erzeugte Einschränkung der Funktionen ϱ, p, v_i etwa die Rolle von Anfangs- oder Grenzbedingungen für das System der partiellen Differentialgleichungen (1) bis (3). In kosmologischer Hinsicht aber bedeuten die Gleichungen (1) bis (3) die Möglichkeit, das rein kinematische Schema des vorigen Abschnitts mit physikalischem Inhalt zu füllen.

Ohne noch weitere Einschränkungen einzuführen, können wir an dieser Stelle ein dynamisch wichtiges Ergebnis ableiten durch Einführen von (10), (11), (13), (14) in (1), (2a) und (3).

Wir bezeichnen zeitliche Ableitungen dx/dt in bekannter Weise mit $\dot{x}$. Dann wird aus (1)

$$\dot{\varrho} + \varrho(a_{11} + a_{22} + a_{33}) = 0. \tag{15}$$

In (2a) fällt wegen der Ortsunabhängigkeit von p der Druckgradient fort, und es bleibt

$$\dot{a}_{ik}x_k + a_{ik}a_{ks}x_s = -\frac{\partial\Phi}{\partial x_i}. \tag{16}$$

Die Bedingung $\frac{\partial^2\Phi}{\partial x_i \partial x_s} = \frac{\partial^2\Phi}{\partial x_s \partial x_i}$ für die Existenz von Φ ist wegen der Symmetriebedingung (14) erfüllt. (16) in (3) eingesetzt liefert

$$-\Delta\Phi = \dot{a}_{11} + \dot{a}_{22} + \dot{a}_{33} + \sum_{i,k} a_{ik}^2 = -4\pi G\varrho \tag{17}$$

oder, mit Rücksicht auf (15),

$$\frac{d}{dt}\left(\frac{\dot{\varrho}}{\varrho}\right) = \sum_{i,k} a_{ik}^2 + 4\pi G\varrho \geqq 0. \tag{18}$$

Es folgt, da $\varrho \geqq 0$ für den physikalischen Begriff der Dichte charakteristisch ist, daß die Dichte nicht zeitlich konstant sein kann, es sei denn, daß $\varrho \equiv a_{ik} \equiv 0$ ist.

Das Seeliger-Neumannsche Resultat, daß es unmöglich ist, den euklidischen Raum mit statischer Materie gleichmäßig zu erfüllen bei Zugrundelegung des Newtonschen Gesetzes, ist in unserem Ergebnis enthalten, darüber hinaus aber ceteris paribus die Unmöglichkeit einer zeitlich konstanten Dichte selbst dann, wenn Strömungen vorhanden sind. Außerdem kam für die Herleitung von (18) die Vieldeutigkeit des Potentialausdrucks

$$\Phi = \lim_{V\to\infty} \int_V \frac{\varrho\, dV}{r}, \tag{19}$$

bei den verschiedenen Möglichkeiten des Grenzüberganges $V \to \infty$, die Neumann und Seeliger so betont haben, überhaupt nicht ins Spiel.

Wenn wir an dieser Stelle das bisher betrachtete anisotrope Strömungsfeld weiter in seinen dynamischen Eigenschaften verfolgen wollten, so träte allerdings eine Vieldeutigkeit in Erscheinung: Zwar ist durch das Weltpostulat die Mannigfaltigkeit der zulässigen Potentialausdrücke bis auf eine additive Zeitfunktion eingeschränkt auf quadratische Formen in den Koordinaten, so daß man (etwa) bei dem Grenzübergang (19) den Raum durch ähnliche, konzentrische und koaxiale Ellipsoide auszuschöpfen hätte. Innerhalb dieser Möglichkeiten aber herrscht Willkür, die nur durch eine zusätzliche Forderung beseitigt werden kann. Das natürlichste wäre, zu verlangen, daß die

Potentialdifferenz zwischen zwei beliebigen Punkten nur vom Abstande beider Punkte abhänge. Dann folgte mit Rücksicht auf (3) eindeutig

$$\Phi = \frac{2\pi}{3} G\varrho(t)(x_1^2 + x_2^2 + x_3^2). \tag{20}$$

(20) lieferte dann mit (15) und (16) zusammen ein System von sieben Differentialgleichungen 1. Ordnung für die sieben unbekannten Zeitfunktionen ϱ und a_{ik}. Doch ist an dieser Stelle die Spezialisierung des Potentials in der Form (20) noch nicht ganz zwingend.

Die Preisgabe des NEWTONschen Gesetzes und seine passende Ersetzung durch ein anderes Gravitationsgesetz war für NEUMANN und SEELIGER der Weg, um eine statische Welt zu erhalten. Wir sehen, daß es zu diesem Zwecke nur darauf ankommt, die Beziehung (18) zu vermeiden. Das ist unter Beibehaltung von (1), (2a), (13) und (14) auf mannigfaltige Weise durch Änderung von (3) möglich. Wollen wir uns auf lineare Differentialgleichungen für Φ beschränken, so kommt an Stelle der POISSONschen Gleichung nur in Betracht

$$\Delta\Phi + \Lambda_0(t) = 4\pi G\varrho, \tag{21}$$

wo $\Lambda_0(t)$ eine universelle stets positive Zeitfunktion bedeutet. Man bekommt dann statt (18)

$$\frac{d}{dt}\left(\frac{\dot\varrho}{\varrho}\right) = \sum_{i,k} a_{ik}^2 + 4\pi G\varrho - \Lambda_0(t), \tag{22}$$

womit für die Möglichkeit $\varrho = \text{const.} > 0$ Gewähr geleistet ist. Für die Festlegung der Funktion $\Lambda_0(t)$ müßte man Betrachtungen heranziehen, die außerhalb unseres Rahmens liegen. Zwei besonders einfache Spezialfälle mögen erwähnt werden. Der *erste* ist von DOUGALL[1] behandelt worden, der vorschlägt, statt der POISSONschen Gleichung die neue $\Delta\Phi = 4\pi G(\varrho - \bar\varrho)$ zu benutzen, wo $\bar\varrho$ die mittlere Dichte der Welt bedeutet. Für Materieverteilungen von endlicher Gesamtmasse ist stets $\bar\varrho = 0$. In unserem Falle der homogenen Masseverteilung im ganzen euklidischen Raume ist $\varrho = \bar\varrho$, so daß (22) ausartet zu $d(\dot\varrho/\varrho)/dt = \sum_{i,k} a_{ik}^2$. Eine zeitlich konstante Dichte könnte also nur bei $a_{ik} \equiv 0$, bei verschwindenden Strömungen, statthaben. Der *zweite*, sehr einfache Fall ist $\Lambda_0 = \text{const.}$ Er ist dadurch bemerkenswert, daß er äquivalent ist der Einführung des Λ-Gliedes in die Feldgleichungen der allgemeinen Relativitätstheorie[2]. Wir werden weiter unten noch mehrfach von ihm zu

[1] DOUGALL: Philos. Mag. **10**, 81 (1930).

[2] In diesem Zusammenhang sei folgendes bemerkt: Die von (21) verschiedene Gleichung $\Delta\Phi + \lambda\Phi = 4\pi G\varrho$ wird von EINSTEIN in der S. 2 Anm. 4 zitierten Arbeit zur Erläuterung der Einführung des Gliedes $\lambda g_{\mu\nu}$ in seine Feldgleichungen herangezogen. Dieser bereits von C. NEUMANN gemachte Abänderungsvorschlag des NEWTONschen Gesetzes (vgl. S. 1 Anm. 1) ergibt sich aber *nicht* als Näherung aus den Feldgleichungen der Relativitätstheorie. Damit ist die Begründung, die HECKMANN und SIEDENTOPF [Z. Astrophys. **1**, 67 (1930)] für ihre Gleichung (5, 18) gegeben haben, hinfällig.

handeln haben. Es ist aber doch hervorzuheben, daß die Einführung der Funktion $\Lambda_0(t)$, mag man sie auch bei kosmologischen Betrachtungen für angemessen halten, in die NEWTONsche Gravitationsauffassung ein schwer zu deutendes Element einführt, weil der einfache Sinn der POISSONschen Gleichung — die Divergenz der Gravitationskraft ist an jeder Raumstelle der Massendichte proportional — verlorengeht.

5. Das isotrope Strömungsfeld.

Sehr einfache und leicht übersehbare Verhältnisse treten ein, wenn man in (13) die Funktionen $a_{ik}(t)$ so wählt, daß

$$\begin{cases} a_{11} = a_{22} = a_{33} = f(t), \\ a_{ik} = 0, \quad \text{wenn} \quad i \neq k \end{cases} \tag{23}$$

wird. Man hat also

$$v_i = x_i f(t). \tag{24}$$

Dann liegt eine reine Expansion oder Kontraktion des Weltsubstrats vor. Für jeden zulässigen Beobachter erfolgt die Strömung völlig radial, und ihr Betrag ist dem Radius proportional. Wir nennen diese Strömung „isotrop".

An die Stelle der Gleichungen (15), (16) und (17) treten die folgenden

$$\dot{\varrho} + 3\varrho f = 0, \tag{25}$$

$$x_i(\dot{f} + f^2) = -\frac{\partial \Phi}{\partial x_i}, \tag{26}$$

$$\dot{f} + f^2 = -\frac{4\pi}{3} G \varrho. \tag{27}$$

Die Integration der beiden Gleichungen (25) und (27) mit den beiden unbekannten Funktionen ϱ und f gelingt leicht, wenn man an Stelle der universellen Funktion f eine neue $R(t)$ einführt durch

$$f = \frac{\dot{R}}{R}, \tag{28}$$

deren Bedeutung durch Einsetzen in (24) sofort klar wird. In

$$v_i = \frac{d x_i}{dt} = x_i \frac{\dot{R}}{R}$$

hat man die Bewegungsgleichungen eines Substratelementes, deren Integration

$$x_i = x_i^0 R(t) \tag{29}$$

liefert, wo x_i^0 drei das speziell herausgegriffene Substratelement kennzeichnende Integrationskonstanten sind. Also ist $R(t)$ der universelle Skalenfaktor, der angibt, wie irgendwelche Konfigurationen von Substratelementen im Laufe der Zeit, zu sich selbst ähnlich bleibend, gedehnt werden oder schrumpfen. Es bedeutet keine Einschränkung der Allgemeinheit anzunehmen, daß stets $R(t) \geqq 0$ sei.

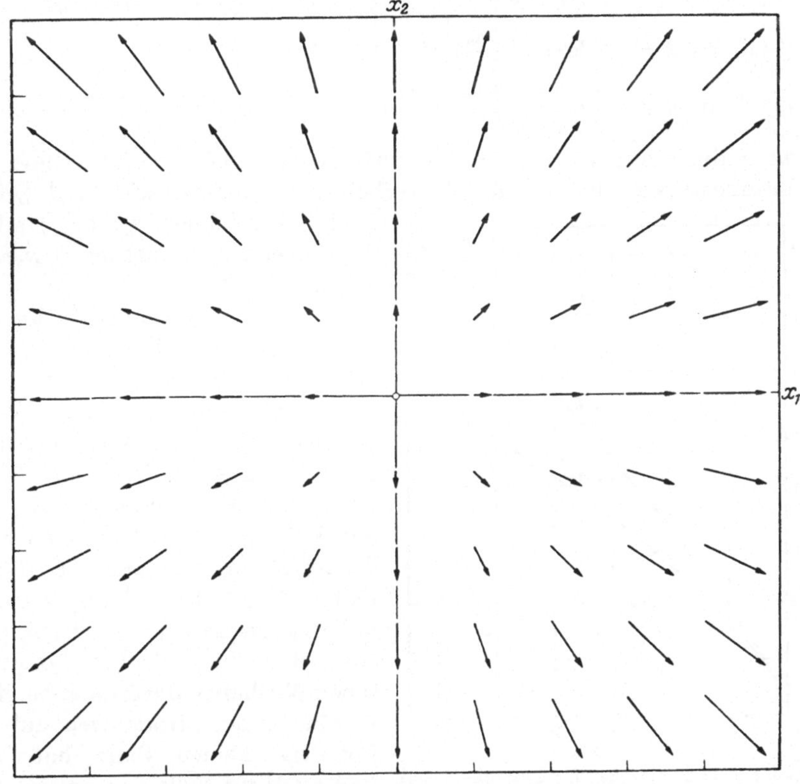

Abb. 5. Das isotrope Strömungsfeld $v_1 = 0{,}2\,x_1$; $v_2 = 0{,}2\,x_2$.

Mit Rücksicht auf (28) folgt aus (25) durch Integration

$$\frac{4\pi}{3}\varrho R^3 = \mathfrak{M} = \text{const.} > 0; \tag{30}$$

d. h. die Masse im Innern irgendeines Volumens, das sich mit dem Weltsubstrat ausdehnt, bleibt konstant im Laufe der Zeit. Aus (27) wird mit Rücksicht auf (28) und (30)

$$\ddot{R} = -\frac{G\mathfrak{M}}{R^2} \tag{31}$$

oder, einmal integriert,

$$\frac{1}{2}\dot{R}^2 = \frac{G\mathfrak{M}}{R} + h, \tag{32}$$

wo h eine beliebige Integrationskonstante bedeutet, die positiv, Null oder negativ sein kann. Der Verlauf der Lösungen von (32) in der

t, R-Ebene ist leicht qualitativ zu überblicken. Die direkte Integration liefert

(33a) für $h > 0$: $R = \frac{G\mathfrak{M}}{2h}(\mathfrak{Cof}\,\tau - 1)$; $\pm(t - t_0)\sqrt{2h} = \frac{G\mathfrak{M}}{2h}(\mathfrak{Sin}\,\tau - \tau)$,

(33b) für $h = 0$: $R = \left(\frac{9G\mathfrak{M}}{2}\right)^{\frac{1}{3}} |t - t_0|^{\frac{2}{3}}$,

(33c) für $h < 0$: $R = \frac{G\mathfrak{M}}{2|h|}(1 - \cos\tau)$; $\pm(t - t_0)\sqrt{2|h|} = \frac{G\mathfrak{M}}{2|h|}(\tau - \sin\tau)$,

wo τ die durch $d\tau = dt/R$ definierte reelle Hilfsgröße ist. Diese drei Lösungstypen, die wir als „hyperbolisch", „parabolisch" und „elliptisch" bezeichnen wollen, sind in der folgenden Abbildung 6 wiedergegeben.

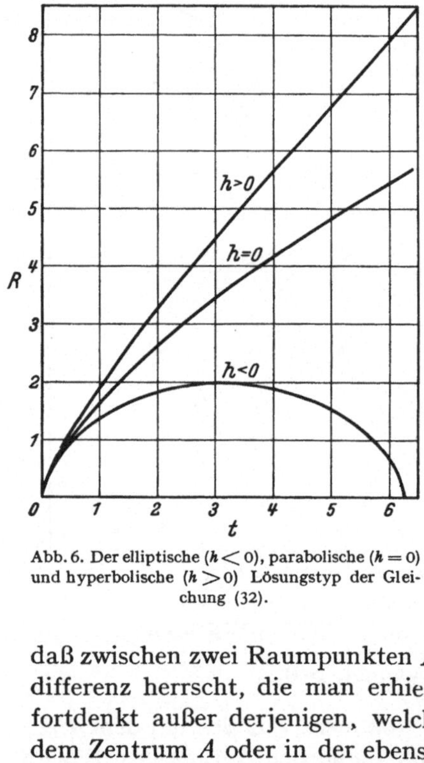

Abb. 6. Der elliptische ($h < 0$), parabolische ($h = 0$) und hyperbolische ($h > 0$) Lösungstyp der Gleichung (32).

Die „Unbestimmtheit" des Potentials Φ läßt sich jetzt endgültig aufklären. Im vorigen Abschnitt war gezeigt worden, wie das Weltpostulat in Verbindung mit (2a) zu einer Einschränkung von Φ auf quadratische Formen in den Koordinaten führte. Im vorliegenden Falle der isotropen Strömung aber führen (26) und (27) zwangläufig zu dem radialsymmetrischen Ausdruck (20). Also folgt, da innerhalb der NEWTONschen Mechanik die Annahme eines Einflusses der Strömungen auf das Potential keinen Platz hat, daß (20) auch im Falle der anisotropen Strömung zu benutzen ist. Anschaulich heißt der Ausdruck (20), daß zwischen zwei Raumpunkten A und B vom Abstand r eine Potentialdifferenz herrscht, die man erhielte, wenn man alle Materie der Welt fortdenkt außer derjenigen, welche in einer Kugel vom Radius r mit dem Zentrum A oder in der ebensogut möglichen vom Zentrum B liegt. Die Schwierigkeit des Grenzübergangs in (19) ist also endgültig beseitigt.

Nun ist auch eine einfache Deutung der Gleichungen (31), (32), (33a, b, c) möglich. Kennt man $R(t)$, so ist nach (29) das zeitliche Verhalten eines Substratelementes relativ zum Ursprung bekannt; ist $r = r_0 R(t) = \sqrt{\sum x_i^2}$ seine Entfernung vom Ursprung, so hat man nach (31) und (32) für r die Gleichungen

$$\ddot{r} = -\frac{G\mathfrak{M}\, r_0^3}{r^2}; \qquad \frac{1}{2}\dot{r}^2 = \frac{G\mathfrak{M}\, r_0^3}{r} + h r_0^2.$$

Da $\mathfrak{M} r_0^3$ gleich $\frac{4\pi}{3} \varrho r^3$, also gleich der (zeitlich unveränderlichen) Masse in der Kugel vom (zeitlich veränderlichen) Radius r ist, so darf man sagen, daß das Substratelement sich im Laufe der Zeit allein unter der Anziehung dieser Kugel radial bewegt. Alle außerhalb r liegende Materie spielt keine Rolle. Man kann sich sogar die Masse $\mathfrak{M} r_0^3$ im Nullpunkt konzentriert denken. Die beiden letzten Gleichungen sind die NEWTONsche Bewegungsgleichung und die daraus abgeleitete Energiegleichung für die geradlinige Bewegung des Substratelementes der Masse Eins im Felde der Zentralmasse $\mathfrak{M} r_0^3$. (33a) bis (33c) sind die bekannten Beziehungen zwischen Radiusvektor und mittlerer Anomalie einerseits mit der exzentrischen Anomalie andererseits bei der numerischen Exzentrizität Eins, d. h. bei verschwindendem Drehimpuls.

6. Die Singularität des Modells.

In den Gleichungen (30) bis (33) zeigt sich ein bemerkenswertes Vorkommnis für den Zeitpunkt $t = t_0$. Es entspricht nach dem zu Ende des vorigen Abschnitts Gesagten dem Zusammenstoß bei geradliniger Bewegung im Zweikörperproblem. Da dann $R = 0$ wird (wobei $\dot{R}$ und $\ddot{R}$ gleichzeitig unendlich werden), so hat das Weltsubstrat in diesem Augenblick unendliche Dichte. Im Falle (33c) tritt dieselbe Singularität jedesmal auf, wenn $\pm(t - t_0) = 2k\pi G \mathfrak{M} (2|h|)^{-3/2}$, $k = 0, 1, 2 \ldots$ Wenn wir unser Weltmodell auf die Wirklichkeit anwenden wollen, so entsteht aus dieser Singularität ein besonderes astronomisch-physikalisches Problem, über welches viel diskutiert worden ist[1]. Als Beginn würde die Singularität eine katastrophale Explosion, als Ende einen ebenso katastrophalen Zusammenbruch der unendlichen Welt bedeuten. Es ist jedoch klar, daß in der Nachbarschaft der Singularität die wirkliche Materie in Zuständen wäre, welche keinesfalls durch die einfachen Grundgesetze (1), (2), (3) zu beschreiben sind. Doch bleiben der kosmogonischen Spekulation große Möglichkeiten, weil bei der Übertragung unseres Modells auf die wirkliche Welt — und selbst dann, wenn man ohne Rücksicht auf das Modell die beobachteten Rotverschiebungen im Nebellicht als wirklichen DOPPLER-Effekt deutet — eine verhältnismäßig hohe Dichte der Weltmaterie vor endlicher Zeit anzunehmen ist.

Im Rahmen der bisher von uns angestellten Überlegungen entsteht die Frage, ob nicht durch eine einfache Abänderung unserer Voraussetzungen die Singularität vermieden werden kann. Wir wollen zwei speziellen Möglichkeiten nachgehen: Zunächst soll untersucht werden,

[1] DE SITTER: Monthly Not. Roy. Astron. Soc. **93**, 628 (1933). — TOLMAN: Relativity, Thermodynamics, and Cosmology, Kap. X, Teil III. Oxford 1934.

ob vielleicht die Voraussetzung der Isotropie zu primitiv war. Wir werden jedoch sehen, daß wenigstens eine Anisotropie der Strömung des Substrats nach drei aufeinander senkrechten und zeitlich unveränderlichen Richtungen die gleiche Singularität zeigt. Danach wollen wir den Einfluß der radikalen Abänderung des Gravitationsgesetzes durch ein konstantes Λ_0-Glied besprechen, die in der Tat die Singularität beseitigt, sofern $\Lambda_0 > 0$ gewählt wird.

a) Anisotropie der Strömungen.

Wir wollen nicht die sehr komplizierte Integration des Systems 7. Ordnung versuchen, das die Behandlung der allgemeinen Anisotropie verlangt (vgl. Abschn. 4). Vielmehr beschränken wir uns auf den Fall, wo die lineare Abhängigkeit (13) der Substratströmung nur Diagonalglieder zeigt, wo also $a_{ik} = 0$ ist, sobald $i \neq k$. Indem wir der Kürze halber für die vorliegende Betrachtung $a_{ii} = a_i$ schreiben und die Summationsvorschrift aufheben, liefern (15), (16) und (20) das System 4. Ordnung

$$\dot{\varrho} + \varrho \sum a_i = 0, \tag{34}$$

$$\dot{a}_i + a_i^2 = -k\varrho; \qquad k = \frac{4\pi G}{3}, \tag{35}$$

dessen Integration übersichtlicher wird, wenn man drei neue Funktionen A_i einführt durch

$$a_i = \frac{\dot{A}_i}{A_i}. \tag{36}$$

(34) liefert sofort

$$\varrho A_1 A_2 A_3 = \mathfrak{M} = \text{const.} > 0. \tag{34a}$$

Die Gleichungen (35) verwandeln sich in

$$\ddot{A}_i = -k\varrho A_i. \tag{35a}$$

Wäre $\varrho(t)$ schon bekannt, und ist dann y_0 eine (vielleicht nur partikuläre) Lösung von

$$\ddot{y} = -k\varrho y, \tag{*}$$

so lautete die allgemeine Lösung von (*)

$$y(t, \alpha, \beta) = y_0 \cdot \left(\alpha + \beta \int \frac{dt}{y_0^2}\right), \tag{**}$$

wo α beliebig und β positiv, aber sonst ebenfalls beliebig ist. Also erhält man die drei Funktionen A_i, indem man setzt

$$A_i = y(t, \alpha_i, \beta_i), \tag{37}$$

wo α_i, β_i drei verschiedene Konstantenpaare sind. Es bleibt demnach wegen (34a) nur noch y_0 zu bestimmen als irgendeine partikuläre Lösung von

$$(38)\qquad \frac{\ddot{y}_0}{y_0} = -k\mathfrak{M}y_0^{-3}\left(\alpha_1 + \beta_1\int\frac{dt}{y_0^2}\right)^{-1}\left(\alpha_2 + \beta_2\int\frac{dt}{y_0^2}\right)^{-1}\left(\alpha_3 + \beta_3\int\frac{dt}{y_0^2}\right)^{-1}.$$

Hat man aus (38) y_0, so ist durch (37), ($^*_*$), (36) das System (34), (35) vollständig gelöst. Man kann zeigen, daß das ganze Problem sich auf Quadraturen zurückführen läßt. Doch es genügt hier, die Frage nach dem Verhalten von ϱ in der Umgebung von $y_0 = 0$ zu beantworten, wo wir die Singularität zu befürchten haben.

Da $\varrho > 0$ ist, so folgt aus (*), daß $\ddot{y} \lesseqgtr 0$, je nachdem $y \gtreqless 0$. Daraus folgt sofort, daß jede Lösung von (*), welches auch die Konstanten α_i, β_i sein mögen, insbesondere also y_0, mindestens einmal die t-Achse durchsetzen muß. Da der Nullpunkt der Zeitzählung willkürlich ist, legen wir ihn in den Schnittpunkt von y_0 mit der t-Achse. Offenbar wäre die Regularität des Problems gewährleistet, wenn in (38) das Produkt

$$(^{**}_{\,*})\qquad y_0^3\left(\alpha_1 + \beta_1\int\right)\left(\alpha_2 + \beta_2\int\right)\left(\alpha_3 + \beta_3\int\right)$$

bei $y_0 = 0$ von Null verschieden wäre. Dann wäre dort y_0 mit seiner ersten und zweiten Ableitung regulär und gestattete eine Entwicklung der Form

$$y_0 = c_1 t - c_3 t^3 + \cdots; \quad c_1 \text{ beliebig}; \quad c_3 > 0.$$

Doch führt das Einsetzen dieses Ausdrucks in (38) auf einen Widerspruch. Also ist anzunehmen, daß ($^{**}_{\,*}$) mit y_0 gleichzeitig verschwindet, womit wir wegen (34a) vor der gleichen Singularität stehen wie im isotropen Falle.

b) Beseitigung der Singularität durch Einführung des Λ_0-Gliedes.

Nachdem die Rücksicht auf eine spezielle Art der Anisotropie die Singularität nicht beseitigt hat, wollen wir wieder zur Isotropie zurückkehren und die Gleichungen (25), (26) mit (21) kombinieren, wobei wir $\Lambda_0 = \text{const.}$ setzen. Man mache sich klar, daß das Analogon zur LAPLACEschen Gleichung $\Delta\Phi = 0$ im kugelsymmetrischen Falle nunmehr lautet

$$(39)\qquad \frac{d^2\Phi}{dr^2} + \frac{2}{r}\frac{d\Phi}{dr} + \Lambda_0 = 0$$

mit der Lösung

$$(40)\qquad \Phi = -\frac{Gm}{r} - \frac{\Lambda_0}{6}r^2,$$

daß also etwa für zwei Massenpunkte zur NEWTONschen Anziehung eine für positives Λ_0 mit wachsendem Abstand unendlich werdende Abstoßung hinzugetreten ist. Daraus braucht natürlich, solange Λ_0 genügend klein gehalten wird, ein Widerspruch zu den Erfahrungen im Planetensystem nicht zu folgen. Aber ein starker Einfluß auf die Singularität unseres Weltmodells ist von vornherein wahrscheinlich.

Wir erhalten nun mit (28) wieder (30), aber an Stelle von (31)

$$\ddot{R} = -\frac{G\mathfrak{M}}{R^2} + \frac{\Lambda_0}{3} R, \tag{41}$$

oder integriert

$$\frac{1}{2}\dot{R}^2 = \frac{G\mathfrak{M}}{R} + \frac{\Lambda_0}{6} R^2 + h. \tag{42}$$

Die allgemeine Integration von (42) verlangt die Auswertung eines elliptischen Integrals, die hier nicht gegeben werden soll. Es genügt, zu bemerken, daß die Lösungen von (42) leicht qualitativ zu übersehen sind, wenn man die Nullstellen der rechten Seite für positive R kennt. Im Falle $\Lambda_0 > 0$, $h < 0$ gibt es, vorausgesetzt, daß $\mathfrak{M} > 0$ genügend klein gehalten wird, zwei Nullstellen R_1 und R_2, zwischen welchen $\dot{R}^2$ negativ ist, also keine reellen Lösungen existieren können. Sei $R_1 < R_2$. Dann gibt es Lösungen im Bereich $0 < R < R_1$, die in Bogenform verlaufend senkrecht auf der t-Achse beginnen, aufsteigend $R = R_1$ berühren und wieder (symmetrisch zum Anstieg) abfallen. In diesen Lösungen ist die Singularität genau so wie früher vorhanden. Gleichzeitig mit ihnen treten aber im Bereich $R > R_2$ ganz neue Lösungen auf: Sie kommen aus dem Unendlichen, sinken bis zur Berührung mit $R = R_2$ herunter und gehen wieder symmetrisch hoch ins Unendliche. Diese Lösungen enthalten die Singularität nicht mehr. Fallen bei größerem $\mathfrak{M}$ die beiden Nullstellen gerade zusammen, $R_1 = R_2 = R_0$, so nähern sich sowohl die senkrecht von der t-Achse aufsteigenden wie auch die aus dem Unendlichen von oben kommenden Lösungen asymptotisch der Geraden $R = R_0$. Wird $\mathfrak{M}$ noch größer, so gibt es keine reellen Nullstellen mehr. Qualitativ sind die Lösungskurven dann vom Typus (33a). Bei Vorzeichenwechsel von Λ_0 oder h gibt es keine qualitativ anderen Lösungen als (33a, b, c). Es folgt also, daß nur dann, wenn $\Lambda_0 > 0$, $h < 0$ und $\mathfrak{M}$ genügend klein ist, der gesuchte Fall eintritt, in welchem Lösungen ohne die Singularität vorhanden sind.

7. Die Bahn eines nicht zum Substrat gehörenden Probekörpers.

Wir wollen eine Partikel P betrachten, die nicht den für das isotrop strömende Substrat charakteristischen Gleichungen $\dot{x}_i = x_i^0 f(t)$ folgt, sondern sich frei im Felde des Substrats, also im Felde des Potentials (20) bewegt, wobei $\varrho(t)$ bereits durch (30) und eine der Möglichkeiten (33a, b, c) bestimmt sei. Die Differentialgleichungen der Bewegung sind

$$\ddot{x}_i = -\frac{4\pi G}{3} \varrho x_i. \tag{43}$$

Diese Differentialgleichungen sind invariant gegenüber einem Wechsel der im Substrat mitströmenden Beobachter, der durch die Gleichungen

$$x_i = x'_i + a_i R(t) \tag{44}$$

mit irgendwelchen Konstanten a_i definiert ist. Man erkennt das durch Einsetzen in (43) und mit Rücksicht auf (27) und (28) sofort.

Die allgemeine Lösung von (43) ist in den folgenden sechs Gleichungen enthalten:

$$\dot{x}_i = \frac{\dot{R}}{R} x_i - \frac{\beta_i}{R} \tag{45}$$

und

$$x_i = \alpha_i R - \beta_i R \int \frac{dt}{R^2}, \tag{46}$$

wo α_i und β_i sechs Integrationskonstante sind. Es ist bemerkenswert, daß die „Integrale" des dynamischen Systems (43), die man durch Isolierung der Integrationskonstanten aus (45) und (46) erhält, die Koordinaten und Geschwindigkeiten linear enthalten. Die Form von (46) zeigt, daß man das erste Glied der rechten Seite stets durch einen Beobachterwechsel der Form (44) wegtransformieren kann; man hat nur $a_i = \alpha_i$ zu setzen. Jede Partikel mit $\beta_i = 0$ gehört dem Weltsubstrat an. Denken wir uns die Transformation ausgeführt, so lautet (46) mit Rücksicht auf (33a, b, c) im Falle $h > 0$

$$x'_i = \frac{\beta_i}{\sqrt{2h}} \mathfrak{Sin}\,\tau; \qquad (t - t_0)\sqrt{2h} = \frac{G\mathfrak{M}}{2h} (\mathfrak{Sin}\,\tau - \tau), \tag{46a}$$

im Falle $h = 0$

$$x'_i = 3\beta_i \left(\frac{9G\mathfrak{M}}{2}\right)^{-\frac{1}{3}} |t - t_0|^{\frac{1}{3}}, \tag{46b}$$

im Falle $h < 0$

$$x'_i = \frac{\beta_i}{\sqrt{2|h|}} \sin\tau, \qquad (t - t_0)\sqrt{2|h|} = \frac{G\mathfrak{M}}{2|h|} (\tau - \sin\tau). \tag{46c}$$

Schon aus (43) folgt, daß die Bahnkurven eben sein müssen, weil der Drehimpuls erhalten bleibt. Dann bedeutet es keine Einschränkung der Allgemeinheit, etwa $\alpha_3 = \beta_3 = 0$ zu setzen und die Bewegung nur in der $x_1 x_2$-Ebene zu betrachten. In den Koordinaten x'_i ist die Bewegung geradlinig. Dagegen erfolgt die Bewegung in den Koordinaten x_i nach (46) in Kegelschnitten. Um das einzusehen, braucht man nur aus (33a, b, c) R und t durch τ zu ersetzen, wobei man etwa im Falle (37c) Gleichungen der Form

$$\begin{cases} x_1 = A_1(1 - \cos\tau) + B_1 \sin\tau, \\ x_2 = A_2(1 - \cos\tau) + B_2 \sin\tau \end{cases} \tag{47}$$

erhält. Sie stellen Ellipsen dar, deren Peripherie durch den Nullpunkt des Koordinatensystems geht. Im Falle (33a) erhält man Hyperbeln, im Falle (33b) Parabeln. In Spezialfällen können diese Kegelschnitte natürlich in Gerade ausarten.

8. Statistik und Thermodynamik.

Die Tatsache, daß die Integrale von (43) linear von den Koordinaten und Geschwindigkeiten abhängen, macht es leicht, statistische Systeme von freien Partikeln zu behandeln, die zahlreiche Einzelheiten zeigen. Doch wollen wir darauf nicht näher eingehen und statt dessen das gesamte Substrat als statistische Gesamtheit von Partikeln der Masse 1 betrachten, die beschrieben wird durch eine Verteilungsfunktion $F(x_i, u_i, t)$ der Koordinaten x_i und Geschwindigkeiten u_i, so daß

$$F(x_i, u_i, t)\, dx_1\, dx_2\, dx_3\, du_1\, du_2\, du_3$$

angibt, wie viele Partikel zur Zeit t im Bereich $x_i \pm \frac{1}{2} dx_i$, $u_i \pm \frac{1}{2} du_i$ liegen. Diese Funktion hat auf alle Fälle einer Integrodifferentialgleichung zu genügen, der BOLTZMANNschen „Stoßformel“[1]

$$\frac{\partial F}{\partial t} - \frac{\partial \Phi}{\partial x_k}\frac{\partial F}{\partial u_k} + u_k \frac{\partial F}{\partial x_k} = J(F), \tag{48}$$

die besagt, daß die zeitliche Änderung von F in einem 6-dimensionalen Elementarvolumen durch zwei wesentlich verschiedene Anteile zustande kommt: Erstens strömen sowohl durch die „Koordinatenwände“ $\left(\text{Anteil } u_k \frac{\partial F}{\partial x_k}\right)$ wie auch durch die „Geschwindigkeitswände“ $\left(\text{Anteil } -\frac{\partial \Phi}{\partial x_k}\frac{\partial F}{\partial u_k}\right)$ Partikeln ein und aus infolge der Beschleunigungen, die jede Partikel durch die äußeren Kräfte vom Potential Φ erfährt. Zweitens aber können „Begegnungen“ stattfinden, welche ziemlich unvermittelt eine Partikel aus irgendeinem anderen Elementvolumen in das betrachtete hinein- oder aus ihm in ein anderes herausschleudern. Dieser Beitrag ist angedeutet durch den „Wechselwirkungsterm“ $J(F)$, dessen komplizierter Bau uns hier nicht im einzelnen interessieren soll[2].

In unserem Falle ist nach (20) $\frac{\partial \Phi}{\partial x_i} = \frac{4\pi}{3} G \varrho x_i$. Die Lösung von (48), die beide Seiten einzeln verschwinden läßt und welche dem isotropen Substrat entspricht, lautet

$$F = (2\pi)^{-\frac{3}{2}} \varrho \sigma^{-3} e^{-\frac{1}{2\sigma^2}\sum\limits_1^3 (u_i - x_i f)^2}, \tag{49}$$

wo ϱ und f die frühere Bedeutung haben und σ die allein von t abhängige Streuung der individuellen Partikelgeschwindigkeiten um die mittlere

[1] BOLTZMANN: Vorlesungen über Gastheorie **1**, §§ 15 u. 16. Leipzig 1895.

[2] CHARLIER: Statistical Mechanics based on the Law of Newton. Meddel. Lunds astron. Observ., II. Ser. Nr. 16, **1917**.

Strömungsgeschwindigkeit $v_i = x_i f$ bedeutet. Setzt man (49) in (48) ein, so erhält man

$$\sigma f + \dot{\sigma} = 0, \tag{50}$$

$$\dot{f} + f^2 = -\frac{4\pi G}{3}\varrho, \tag{51}$$

$$\varrho\sigma^{-3} = \text{const.} \tag{52}$$

(51) ist mit (27) identisch. Der Vergleich von (50) mit (28) oder von (52) mit (30) zeigt, daß σ umgekehrt proportional zu R ist. Wie in der kinetischen Gastheorie kann man eine zu σ^2 proportionale „Temperatur" definieren ($k =$ BOLTZMANNsche Konstante):

$$k\,T = \sigma^2 \sim \frac{1}{R^2}. \tag{53}$$

Die Temperatur des Substrats ändert sich also umgekehrt proportional zum Quadrat des universellen Skalenfaktors R. Man kann auch leicht die Entropie gemäß ihrer statistischen Definition berechnen

$$S = -\int\!\!\int\!\!\int\!\!\int\!\!\int\!\!\int F \ln F\, dx_1\, dx_2\, dx_3\, du_1\, du_2\, du_3, \tag{54}$$

wo über die Geschwindigkeiten von $-\infty$ bis $+\infty$ zu integrieren ist; die Raumintegration dagegen ist über das Innere einer sich mit dem Substrat ausdehnenden geschlossenen Fläche zu erstrecken. Bis auf eine gleichgültige additive Konstante erhält man

$$S = \mathfrak{M} \ln \mathfrak{M} - \tfrac{3}{2}\mathfrak{M}, \tag{55}$$

wo $\mathfrak{M}$ die im räumlichen Integrationsgebiet liegende Masse ist, die nach (30) konstant bleibt im Laufe der Zeit. Die Entropie des Volumens bleibt also ebenfalls zeitlich ungeändert während der Expansion oder Kontraktion des Substrats. Wir haben demnach in dem Substrat ein thermodynamisches System einfachster Art vor uns, das stets im thermodynamischen Gleichgewicht ist, obwohl seine Änderungen unter Umständen beliebig rasch verlaufen können[1]. Diese raschen Zustandsänderungen unterscheiden sich von denjenigen der gewöhnlichen Thermodynamik dadurch, daß keine Diffusions-, Wärmeleitungs- oder Reibungsprozesse an ihnen beteiligt sind. Die adiabatische Ausdehnung oder Kompression eines Gases in einem Kolben ist nur dann reversibel, wenn man sie quasistatisch verlaufen läßt; anderenfalls würde die Entropie durch Diffusion steigen, der Vorgang also irreversibel sein.

[1] Auf solche Prozesse ist TOLMAN gestoßen bei der Übertragung der klassischen Thermodynamik in die allgemeine Relativitätstheorie. Über seine Arbeiten wird zusammenfassend berichtet in dem S. 19 Anm. 1 zitierten Buche TOLMANS. Daß diese Prozesse aber nicht der relativistischen Thermodynamik vorbehalten sind, betont gelegentlich einer Besprechung des TOLMANschen Buches HECKMANN: Astrophys. J. **82**, 435 (1935). — Der besprochene Typus von Zustandsänderungen ist auf statistischem Wege von BOLTZMANN entdeckt worden. Vgl. Gastheorie **1**, 139 — Wiss. Abh. **2**, 56, insbesondere 79ff.

Bei dem Vergleich unseres Modells mit der Wirklichkeit hat man natürlich zu beachten, daß dauernd irreversible Energieumsetzungen bei den Strahlungsvorgängen im Weltall vor sich gehen, die streng genommen in unseren Bilanzen erscheinen müßten, so daß auch hier — namentlich in der Nähe der Singularität — eine Grenze unserer höchst vereinfachten Betrachtungen erkennbar wird[1].

9. Die Lichtfortpflanzung.

Die Behandlung der Lichtfortpflanzung in unserem Modell bietet merkwürdige prinzipielle Schwierigkeiten, die darauf beruhen, daß die Substratelemente oder die mit ihnen verknüpft gedachten zulässigen Beobachter (Abschn. 2 und 3) alle relativ zueinander beschleunigt sind[2]. Dabei ist es aber unmöglich zu behaupten, irgendeiner von ihnen sei *absolut* beschleunigt. *Jeder* Beobachter S kann behaupten, er ruhe, und alle anderen S', S''... wiesen relativ zu ihm Beschleunigungen auf.

Wenn der Astronom die Bahn eines spektroskopischen Doppelsternes aus Linienverschiebungen zu bestimmen hat, so ist er nicht im Zweifel, daß sich in diesen Linienverschiebungen zwei ganz unabhängige „absolute" Bewegungen zeigen: erstens die Bahnbewegung des Sternes, zweitens die Bewegung der Erde um die Sonne, die er sorgfältig von der ersten zu trennen hat. Diese Unterscheidung ist wesentlich, denn es ist prinzipiell nicht gleichgültig für die Anwendung des DOPPLERschen Prinzips auf beschleunigte Bewegungen, ob die Beschleunigung dem Beobachter oder der Lichtquelle zuzuschreiben ist. Ganz elementar sieht man das so ein:

A. Ein Beobachter B ruhe in einem Inertialsystem, d. h. die Lichtgeschwindigkeit relativ zu ihm sei c. Eine Lichtquelle L sei relativ zu B beschleunigt in radialer Richtung. Zur Zeit t_1 gehe ein Lichtimpuls von L aus und erreiche B im Augenblick t_2. Die Entfernung $\overline{LB}$ sei irgendeine zeitabhängige Funktion $r(t)$. Dann ist

$$\frac{r(t_1)}{t_2 - t_1} = c\,.$$

Um den DOPPLER-Effekt abzuleiten, betrachten wir ein zweites Lichtsignal, das um den sehr kleinen Zeitraum Δt_1 später von L abgehe als das erste und um den (ebenfalls sehr kleinen) Zeitraum Δt_2 später bei B ankomme. Wieder ist

$$\frac{r(t_1 + \Delta t_1)}{t_2 + \Delta t_2 - (t_1 + \Delta t_1)} = c\,.$$

---

[1] Abschätzungen über die Rolle der Strahlung z. B. bei DE SITTER: The Astronomical Aspect of the Theory of Relativity, § 19. Berkeley (Cal.) 1933.

[2] Nur bei Zugrundelegung der DOUGALLschen Form der POISSONschen Gleichung $\Delta\Phi = 4\pi G(\varrho - \bar{\varrho})$ (vgl. S. 15 Anm. 1) sind alle Substratelemente relativ zueinander in gleichförmiger Translation begriffen.

Durch Gleichsetzen beider Ausdrücke bekommt man unter Vernachlässigung von Quadraten in Δt

$$\frac{\Delta t_2}{\Delta t_1} = 1 + \frac{v_1}{c},$$

wo $v_1 = \left(\frac{dr}{dt}\right)_{t=t_1}$ die Relativgeschwindigkeit beider Körper im Augenblick der Emission ist. Denkt man sich einen endlichen Wellenzug der Frequenz ν_1 emittiert von L, so wird er mit einer Frequenz ν_2 in B ankommen und es ist

$$\text{(A)} \qquad \frac{\nu_1}{\nu_2} = 1 + \frac{v_1}{c}.$$

Die gleiche Formel gilt für das Verhältnis n_1/n_2 der Anzahl n_1 der pro Zeiteinheit emittierten Wellenzüge (Lichtquanten, Photonen) zur Anzahl n_2 der pro Zeiteinheit empfangenen.

B. Die Lichtquelle ruhe im Inertialsystem. Relativ zu L sei also die Lichtgeschwindigkeit gleich c. B sei relativ zu L beschleunigt. Wieder gehe zur Zeit t_1 der Lichtimpuls von L aus; er komme zur Zeit t_2 in B an. $t_2 - t_1$ hat nicht den gleichen Betrag wie im vorigen Falle. Jetzt ist

$$\frac{r(t_2)}{t_2 - t_1} = c$$

und für einen zweiten Impuls gilt analog

$$\frac{r(t_2 + \Delta t_2)}{t_2 + \Delta t_2 - (t_1 + \Delta t_1)} = c.$$

Daraus folgt

$$\text{(B)} \qquad \frac{\Delta t_2}{\Delta t_1} = \frac{\nu_1}{\nu_2} = \frac{n_1}{n_2} = \frac{1}{1 - \frac{v_2}{c}}; \qquad v_2 = \left(\frac{dr}{dt}\right)_{t=t_2}.$$

Man bekommt also in beiden Fällen zwei total verschiedene Ergebnisse: Einmal geht v_1, das andere Mal v_2 in die Formel ein.

Dieses Resultat entspricht genau dem Verfahren bei der Berechnung der Bahnen spektroskopischer Doppelsterne. Die Kleinheit der Größen v_1 und v_2 ist übrigens nicht vorausgesetzt worden. Wollte man die unter A. und B. durchgeführten Überlegungen auf Grund der gewöhnlichen Äthervorstellung ableiten, so würde man zu berücksichtigen haben, daß Lichtquelle und Beobachter evtl. eine gemeinsame Translation im Äther ausführen (etwa infolge der Rotation der Milchstraße); dann müßte man Glieder zweiter Ordnung in v/c in Kauf nehmen, bekäme aber sonst das gleiche Resultat.

Im Falle des expandierenden Weltsubstrats nun liegen die Verhältnisse ganz anders; da kann nicht behauptet werden, daß von der Relativbeschleunigung einer im System S' ruhenden Lichtquelle L gegen den Beobachter B in S *ein* bestimmter Teil als „absolut" der Lichtquelle, ein anderer „absolut" dem Beobachter zuzuschreiben sei.

Die Beschleunigungen sind wirklich nur relativ, so daß die Rechenweisen A. und B. nicht sinnvoll angewandt werden können. Dagegen besteht hier eine bemerkenswerte Möglichkeit, die Äthervorstellung beizubehalten und anzunehmen, daß *jeder* zulässige Beobachter wirklich im Äther ruhe; das heißt dann, daß der Äther die allgemeine Expansion oder Kontraktion des Weltsubstrats mitmacht. So spekulativ diese Annahme auch ist — ganz unbegründet in Erfahrungen irgendwelcher Art —, so verlockend ist sie, weil sie bei genügender Entmaterialisierung der Äthervorstellung gestatten würde, sich den Äther als Träger des Trägheitsfeldes, als Träger der im Gravitationspotential Φ der Form (20) zum Ausdruck kommenden Gravitationsspannungen des Weltsubstrats zu denken. In diesem „expandierenden" Äther eine Optik allgemein zu begründen, ist natürlich eine sehr unbestimmte Aufgabe, die zu formulieren uns hier nicht obliegt. Sicher ist nur, daß man eine zeitabhängige Lichtgeschwindigkeit in ihm anzunehmen hätte. Es ist zweckmäßig, die Lichtgeschwindigkeit c relativ zum Substrat zu verstehen und demnach zu definieren

$$c(t) = \frac{d}{dt}\left(\frac{r}{R}\right).$$

Das zur Zeit t_1 von L ausgehende Signal würde B zur Zeit t_2 erreichen und dabei vom Augenblick der Ablösung in L bis zur Ankunft in B im Substrat den Weg $a = r/R$ durchlaufen haben, so daß

$$\frac{r}{R} = \int_{t_1}^{t_2} c(t)\,dt.$$

Der unmittelbar danach, um das sehr kleine Intervall Δt_1 später, abgegangene Impuls würde um das (ebenfalls sehr kleine) Intervall Δt_2 später in B ankommen, ohne daß r/R sich inzwischen geändert hätte, weil Beobachter und Lichtquelle im Substrat ruhen, so daß auch gilt

$$\frac{r}{R} = \int_{t_1+\Delta t_1}^{t_2+\Delta t_2} c(t)\,dt.$$

Durch Gleichsetzen erhält man

$$\int_{t_1}^{t_1+\Delta t_1} c(t)\,dt = \int_{t_2}^{t_2+\Delta t_2} c(t)\,dt,$$

oder, wenn c sich in den kleinen Zeiträumen Δt_1 und Δt_2 nicht geändert hat,

$$\frac{\Delta t_2}{\Delta t_1} = \frac{c(t_1)}{c(t_2)}. \tag{56}$$

Obwohl wir die Funktion $c(t)$ nicht kennen, können wir eine wichtige Folgerung aus (56) ziehen.

In (56) sind zwei verschiedene Einflüsse auf die von L ausgehenden Wellenzüge (Photonen, Lichtquanten) enthalten. Die Anzahl der Photonen, welche pro Zeiteinheit in einer bestimmten Richtung die Lichtquelle verläßt, sei n_1, ihre Frequenz ν_1. Dann gilt nach (56) sowohl

$$\frac{n_1}{n_2} = \frac{c(t_1)}{c(t_2)} \tag{57}$$

wie auch

$$\frac{\nu_1}{\nu_2} = \frac{c(t_1)}{c(t_2)}, \tag{58}$$

wenn man mit n_2 die Anzahl pro Zeiteinheit und mit ν_2 die Frequenz der in B ankommenden Photonen bezeichnet. Mit dem DOPPLERschen Prinzip haben (57) und (58) zunächst nicht viel gemeinsam. Doch ist der physikalische Gehalt auf Grund der skizzierten Äthervorstellung einigermaßen klar: (58) beschreibt die Frequenzänderung eines Lichtquants und (57) die Änderung ihrer zeitlichen Häufigkeit infolge der Arbeitsleistung im *zeitlich veränderlichen* Potentialfeld Φ. Für (57) hat man auch den Namen „Verdünnungseffekt" der Lichtquanten eingeführt.

Die Gesamtausstrahlung des Nebels L in den Raum ist $4\pi n_1 h\nu_1$. Wenn das Licht beim Beobachter B ankommt, hat es sich auf eine Kugeloberfläche vom Radius $aR(t_2)$ ausgebreitet und trägt auf dieser die Gesamtenergie $4\pi n_2 h\nu_2$ mit sich. Auf die Flächeneinheit (Öffnung eines empfangenden Objektivs) entfällt dann der Betrag, der als scheinbare Helligkeit l des Nebels von B beobachtet wird

$$l = \frac{4\pi n_2 h\nu_2}{4\pi a^2 R^2(t_2)}.$$

Da aber nach (57) und (58)

$$n_2\nu_2 = n_1\nu_1 \frac{c^2(t_2)}{c^2(t_1)},$$

so bekommt man

$$l = \frac{n_1 h\nu_1}{a^2 R^2(t_2)} \frac{c^2(t_2)}{c^2(t_1)}$$

oder, wenn man

$$\frac{\nu_2}{\nu_1} = 1 + \frac{d\lambda}{\lambda}$$

schreibt,

$$l = \frac{n_1 h\nu_1}{a^2 R^2(t_2)} \frac{1}{\left(1 + \frac{d\lambda}{\lambda}\right)^2}. \tag{59}$$

Wird ein zweiter Nebel $\bar{L}$ betrachtet, der pro Zeiteinheit die gleiche Energie $4\pi n_1 h\nu_1$ wie der erste in den Raum ausstrahlt, und wird das von ihm emittierte Licht zur gleichen Zeit t_2 beobachtet wie das des ersten Nebels L, so ist der Zeitpunkt der Emission natürlich ein anderer als beim ersten Nebel, sagen wir $\bar{t}_1$, wenn die Entfernung $\bar{r} = \bar{a}R(t)$

verschieden ist von der des ersten $r = aR(t)$. Die scheinbare Helligkeit $\bar{l}$ des zweiten Nebels wird erhalten als

$$\bar{l} = \frac{n_1 h \nu_1}{\bar{a}^2 R^2(t_2)} \frac{c^2(t_2)}{c^2(\bar{t}_1)} = \frac{n_1 h \nu_1}{\bar{a}^2 R^2(t_2)} \frac{1}{\left(1 + \frac{\overline{d\lambda}}{\lambda}\right)^2}.$$

Das Verhältnis der scheinbaren Helligkeiten beider gleichzeitig zur Beobachtung kommenden Nebel ist also

$$\frac{l}{\bar{l}} = \frac{\bar{a}^2}{a^2} \cdot \frac{\left(1 + \frac{\overline{d\lambda}}{\lambda}\right)^2}{\left(1 + \frac{d\lambda}{\lambda}\right)^2}.$$

Der Term $\bar{a}^2 : a^2$ würde allein auftauchen, wenn Lichtquelle und Beobachter relativ zueinander ruhten und kein rötender Einfluß das Licht auf dem Wege von L nach B veränderte. Der Korrektionsfaktor aber, der hier hinzugetreten ist, nimmt Rücksicht auf die Frequenzänderung der Lichtquanten ($\nu_1 \rightarrow \nu_2$ bzw. $\bar{\nu}_2$), auf die „Verdünnung" ihrer Häufigkeit ($n_1 \rightarrow n_2$ bzw. $\bar{n}_2$), und enthält automatisch die Berücksichtigung der Tatsache, daß das zur Zeit t_2 beobachtete Licht zu ganz verschiedenen Zeiten t_1 und $\bar{t}_1$ die beiden Nebel L und $\bar{L}$ verließ.

Weitere der Beobachtung zugängliche Relationen (Zusammenhang zwischen Entfernung und Rotverschiebung, Entfernung und Nebelzahl usw.) wollen wir hier nicht untersuchen, weil wir die Funktion $c(t)$ nicht kennen. Im Hinblick auf die Gesamtheit der zulässigen Beobachter, die alle nach der Zeit t rechnen, kann man die Frage aufwerfen, wie man durch Lichtsignale diese universelle Zeit in Gedankenexperimenten über die Welt verbreiten kann. Dabei sende ein zulässiger Beobachter A zur Zeit t_1 Licht zu einem zweiten, B, wo es zur Zeit t_2 ankomme und unmittelbar zurückreflektiert wird, so daß es zur Zeit t_3 wieder in A ankomme. Dann ist also

$$\int_{t_1}^{t_2} c\, dt = \int_{t_2}^{t_3} c\, dt.$$

Teilt man dem Beobachter B die Zeiten t_1 und t_3 später mit, so hat er die Möglichkeit, sich aus der Forderung der Gleichheit der beiden Integrale die Zeit t_2 auszurechnen. Hat er also etwa bei einer ganzen Folge von Lichtsignalen die Augenblicke der Reflexion nach seiner (irgendwie laufenden) lokalen Uhr mit T_B notiert, so kann er den Zahlen T_B die Zahlen t_2 gegenüberstellen und eine Korrektionstabelle der Uhr anfertigen, die seine lokalen Zeiten T_B mit den Zeitangaben von A in Übereinstimmung bringt. Auf diese Weise kann die Zeit eines Beobachters leicht zur universellen Zeit gemacht werden, vorausgesetzt, daß man die Funktion $c(t)$ aus Beobachtungen erschließen kann.

Zum Schluß betonen wir noch, daß zur Ableitung von (60) nur die Hypothese der in einem homogenen und isotropen Substrat zeitlich veränderlichen Lichtgeschwindigkeit gebraucht wurde; die mechanischen Grundgesetze (1) bis (3) gingen in das Ergebnis in keiner Weise ein. Also kann die vorgetragene „Optik" nicht zur Prüfung der Modelle dienen, ehe nicht ein Zusammenhang zwischen den universellen Funktionen $c(t)$ und $R(t)$ hergestellt ist. Zu sehr durchsichtigen und einfachen Ergebnissen käme man durch die Forderung $c \sim \frac{1}{R}$, die durch die Analogie zur Relativitätstheorie (vgl. Abschn. 15 und 16) naheliegt. Doch gehen wir hier darauf nicht ein, weil wir später auf die analogen Fragen zurückkommen müssen.

10. Zusammenfassung des ersten Teiles.

Ausgehend von den Grundgleichungen der NEWTONschen Mechanik haben wir mit Hilfe des Weltpostulats Lösungen konstruiert, die so beschaffen sind, daß jeder Beobachter — wo auch immer er in dem Weltmodell stehen mag — von der Welt den gleichen Anblick hat, sofern er relativ zu seiner nächsten Umgebung ruht. Eine völlig eindeutige Bestimmung der Potentialfunktion gewannen wir aus der Forderung, daß das Potential das gleiche sein solle für alle mit dem Weltpostulat verträglichen Strömungsbilder, insbesondere also auch für ein richtungsunabhängiges oder isotropes Strömungsfeld.

Auf mögliche Abänderungen sowohl der geometrischen Voraussetzungen wie auch des elementaren Gravitationsgesetzes wurde hingewiesen. Wir gewannen einen gegenüber den bekannten NEUMANN-SEELIGERschen Argumenten vertieften Einblick in die Unmöglichkeit statischer Materieverteilungen in euklidischen Räumen unter Zugrundelegung der NEWTONschen Mechanik und Gravitation. Im weiteren wurde der isotrope Fall ausführlich untersucht und vollständig gelöst. Die mit ihm notwendig verknüpfte Singularität (unendliche Materiedichte) vor endlicher Zeit wurde besonders behandelt und ihre Unvermeidbarkeit ohne radikale Abänderung des Gravitationsgesetzes hervorgehoben. Nach der Betrachtung der Bewegung freier Teilchen wurde gezeigt, daß das Weltsubstrat, als thermodynamisches System aufgefaßt, seine Änderungen adiabatisch und, obwohl nicht quasistatisch, doch reversibel vollführt. Am Schluß wurde auf die prinzipiellen Schwierigkeiten eingegangen, die sich der eindeutigen Begründung einer Optik in dem zeitlich veränderlichen Schwerefeld entgegenstellen, in welchem alle Substratelemente relativ zueinander beschleunigt sind. Eine hypothetische Möglichkeit, bei der die Lichtgeschwindigkeit von der Zeit abhängt, wurde näher ausgeführt und der Einfluß der Rotverschiebung auf die scheinbaren Totalhelligkeiten außergalaktischer Nebel bestimmt ohne weitere Voraussetzungen über die Art der zeitlichen Veränderlichkeit der Lichtgeschwindigkeit.

Zweiter Teil.

Metrische Kosmologie.

11. Kurze Charakterisierung der allgemeinen Relativitätstheorie.

NEWTONS „Rotation relativ zum absoluten Raum“ belegt den Raum mit der physikalischen Eigenschaft, „Führungsfeld“ oder „Trägheitsfeld“ zu sein, das die Reaktionskräfte bei Beschleunigungen hervorruft und den Kreisel veranlaßt, seine Richtung beizubehalten. So kennt NEWTON eine Wirkung des Raumes auf die Materie, gegen welche sich die scharfe Kritik MACHS[1] wendet. Die umgekehrte Idee, eine Wirkung der Materie auf den Raum, mußte NEWTON fernliegen, weil der Raumbegriff damals nicht die Schmiegsamkeit besaß, die er anderthalb Jahrhunderte später durch RIEMANN[2] bekam. So sah NEWTON die Gravitationswirkung der Materie als in den Raum eingelagertes Kraftfeld; eine Zweiheit: Führungsfeld und Gravitation beherrschte seine Mechanik.

Es ist das charakteristische Merkmal der allgemeinen Relativitätstheorie, Führungsfeld und Gravitationsfeld im übergeordneten Begriff des „metrischen“ Feldes vereinigt zu haben[3]. Der Anlaß lag für EINSTEIN in der empirisch sehr gut gesicherten Proportionalität von träger und schwerer Masse[4]. Beschleunigungen im Führungsfeld rufen Reaktionen hervor, die wie Gravitationskräfte wirken. Beschleunigungen in Gravitationsfeldern können die Schwere lokal aufheben für das beschleunigte System. Soweit es auf lokale Phänomene ankam, mußte also der Einfluß

[1] MACH: Die Mechanik in ihrer Entwicklung, 7. Aufl., S. 216ff. Leipzig 1912.

[2] RIEMANN: Über die Hypothesen, welche der Geometrie zugrunde liegen. Neu herausgegeben und erläutert von H. WEYL. Berlin 1919.

[3] Die hier vorgetragene Auffassung der spezifischen Eigenart der Relativitätstheorie ist wesentlich orientiert an der 5. Aufl. von WEYL: Raum-Zeit-Materie. Berlin 1923.

[4] Diese Tatsache hat zwar in der NEWTONschen Mechanik nicht den ihr gebührenden Platz, ist aber andererseits zur Relativitätstheorie nur Anstoß, nicht Zwang gewesen. Es gibt Gravitationstheorien, welche der Tatsache explizit Rechnung tragen, die aber sehr verschieden sind von der EINSTEINschen. Vgl. z. B. NORDSTRÖM: Ann. Physik **42**, 533 (1913). — Bericht über ältere Gravitationstheorien bei LAUE: Das Relativitätsprinzip **2**. Braunschweig 1921.

eines Schwerefeldes auf einen physikalischen Prozeß sich immer dadurch ermitteln lassen, daß der Prozeß studiert wurde in einem im Führungsfeld so beschleunigten System, daß jenes Schwerefeld (scheinbar) hervorgerufen wurde (Äquivalenzprinzip). Um also die physikalischen Prozesse in beliebigen Schwerefeldern (lokal) verfolgen zu können, war es wünschenswert, ihre Formulierung so allgemein zu machen, daß man sich auf jedes irgendwie im Führungsfeld bewegte Koordinatensystem beliebig beziehen konnte. Daß auch die Zeit mittransformiert wurde, war bei der von POINCARE[1] und MINKOWSKI[2] entdeckten Symmetrie der Raum- und Zeitkoordinaten für EINSTEIN selbstverständlich. So entstand die eine Forderung der allgemeinen Relativitätstheorie: Allgemein kovariante Formulierungen zu geben von Mechanik, Thermodynamik und elektromagnetischem Feld; eine Forderung, die sich (abgesehen von der Mittransformation der Zeit) mit LAGRANGES Bestrebungen innerhalb der Mechanik deckt. Diese Forderung ist aber noch nicht eigentlich charakteristisch für die allgemeine Relativitätstheorie, weil es z. B. möglich ist, das NEWTONsche Gravitationsgesetz mitsamt der NEWTONschen Mechanik ganz allgemein kovariant zu formulieren[3].

Wirklich einschneidend ist daher erst die zweite Forderung, die „Gravitationskraft" ihrer gesonderten Existenz zu berauben und das Raum-Zeit-Kontinuum so elastisch, in seiner Struktur so verformbar zu halten, daß es die Rolle, die früher der Begriff der Gravitationskraft spielte, mitübernehmen konnte. Das geschah dadurch, daß die durch das Symbol

$$ds^2 = dt^2 - dx^2 - dy^2 - dz^2 \tag{1}$$

charakterisierte pseudoeuklidische „Metrik" der speziellen Relativitätstheorie ersetzt wurde durch die allgemeine RIEMANNsche

$$ds^2 = g_{\mu\nu} dx^\mu dx^\nu; \quad \mu, \nu = 1 \text{ bis } 4; \; x^4 = ct. \tag{2}$$

in der die $g_{\mu\nu}$ Funktionen der Weltkoordinaten sind. (Griechische Indizes sollen — im Gegensatz zu den lateinischen — im folgenden immer von 1 bis 4 laufen.) Es blieb also nicht dabei, daß das Intervall (1) auf allgemeine Koordinaten umgerechnet wurde, sondern es wurden $g_{\mu\nu}$ zugelassen, die eine Reduktion von ds^2 auf die pseudoeuklidische Form gar nicht mehr gestatten, also wirklich *nicht*euklidischen, unter Umständen sehr verwickelten Mannigfaltigkeiten entsprechen, die erst in euklidische Räume höherer Dimensionszahl einbettbar sind und dort komplizierte „Krümmungen" und „Torsionen" zeigen. Somit ist es zwar nicht möglich, in kleinen Gebieten Beschleunigungszustände von

[1] POINCARÉ: Rend. Pal. **21**, 129 (1906).

[2] MINKOWSKI: Physik. Z. **10**, 104 (1909) — auch in dem Sammelband: Das Relativitätsprinzip, 3. Aufl. Leipzig 1920.

[3] FRIEDRICHS: Math. Ann. **98**, 566 (1927).

Gravitationsfeldern zu trennen, weil sich immer in einer sehr kleinen Umgebung einer Weltstelle die quadratische Differentialform (2) in die pseudoeuklidische Gestalt (1) transformieren läßt, weil also ein Beobachter immer gerade einen solchen Beschleunigungszustand annehmen kann, daß irgendein lokales Gravitationsfeld, in dem er sich befindet, genau aufgehoben wird. Aber es ist im allgemeinen nicht möglich, größere Bereiche in diese „gravitationslose" Form zu bringen. Wenn es möglich ist, so sagt man, es herrsche kein „echtes" Gravitationsfeld, sondern nur das Führungsfeld. Mehr oder minder zweckmäßige Koordinatenwahl kann dann ein Gravitationsfeld vortäuschen, das den Reaktionskräften des Führungsfeldes entspricht. Wenn aber — wie man sagt — ds^2 nicht der pseudoeuklidischen Form äquivalent, also nicht in großen Bereichen in die Form (1) transformierbar ist, so hat das Führungsfeld eine reichere Struktur und die hinzugekommenen Züge enthalten das, was früher Gravitationsfeld hieß, und was man auch in der Relativitätstheorie so nennen darf, wenn man nur im Auge behält, daß diese „echten" Gravitationsfelder eine organische Weiterbildung des einfachsten Führungsfeldes sind, daß beide Begriffe jetzt im Begriff des metrischen Feldes vereinigt sind. So bleibt es manchmal dem Belieben überlassen, welchen Anteil des metrischen Feldes man Führungsfeld, welchen man Gravitationsfeld nennen will. Dann ist es wesentlich, Formulierungen zu haben, die eine möglichst hohe Invarianz gegenüber der Willkür solcher Trennungen besitzen. Aber ebenso wesentlich und in keiner Weise angetastet bleiben „kopernikanische" Leistungen, bei welchen „nichts weiter" geschieht als der Vollzug einer Koordinatentransformation, die mit einem Schlage aus Wirrnis Klarheit schafft.

Die zweite Forderung der Relativitätstheorie verlangt also, Gleichungen anzugeben, welche die Struktur des metrischen Feldes bestimmen durch Funktionen, die die Materie charakterisieren. Das Vorbild ist die POISSONsche Gleichung, welche das Potential Φ mit der Materiedichte ϱ in Zusammenhang bringt. Da die Relativitätstheorie nicht nur mit einer skalaren Funktion Φ das metrische Feld beschreibt, sondern mit der Gesamtheit der 10 Funktionen $g_{\mu\nu}$, dem sog. metrischen Fundamentaltensor, so läßt sie auch gravitierende Wirkungen anderer Materiegrößen als allein der Dichte ϱ zu. Sie behauptet Gravitationswirkungen, die nicht allein von der Dichte, sondern auch vom Impuls und vom Impulsstrom der Materie ausgehen. Diese Größen bilden wieder einen 10-komponentigen symmetrischen Tensor $M^{\mu\nu}$, den Materietensor, der bei den Feldgleichungen an die Stelle der Dichte in der POISSONschen Gleichung tritt. Der Materietensor muß in Zusammenhang gebracht werden mit einem Tensor, der in Analogie zu $\Delta\Phi$ die zweiten Ableitungen der $g_{\mu\nu}$ enthält. Nennen wir diesen noch

unbekannten geometrischen Tensor $T^{\mu\nu}$, so müssen Gleichungen bestehen von der Form
$$T^{\mu\nu} = -\varkappa M^{\mu\nu},$$
wo das Minuszeichen völlig konventionell und $\varkappa$ ein Proportionalitätsfaktor ist, der der Gravitationskonstante entspricht. Da $M^{\mu\nu}$ den Erhaltungssätzen der Materie genügt, nämlich der Erhaltung der Masse (die der Erhaltung der Energie äquivalent ist) und der Erhaltung des Impulses, vier Differentialgesetzen, die wir in die symbolische Form $M^{\mu\nu}_{(\nu)} = 0$ kleiden wollen, so muß auch $T^{\mu\nu}$ den vier Gesetzen $T^{\mu\nu}_{(\nu)} = 0$ genügen. Der durch den eingeklammerten Index angedeutete Divergenzprozeß ist eine völlig eindeutige Operation, die anzuführen wir uns nur im Augenblick ersparen. Unter den möglichen Differentialausdrücken $T^{\mu\nu}$ mit verschwindender Divergenz gibt es nur einen einzigen, der in Analogie zur POISSONschen Gleichung die zweiten Ableitungen der $g_{\mu\nu}$ nach den Koordinaten linear enthält[1]. Nennen wir diesen weiter unten (Abschn. 12) explizit angegebenen Ausdruck $G^{\mu\nu} - \frac{1}{2} g^{\mu\nu} G + \Lambda g^{\mu\nu}$ [2], wo Λ irgendeine Konstante ist, so haben wir in

$$G^{\mu\nu} - \tfrac{1}{2} g^{\mu\nu} G + \Lambda g^{\mu\nu} = -\varkappa M^{\mu\nu} \tag{3}$$

die gesuchten Feldgleichungen, die ein System von zehn partiellen Differentialgleichungen 2. Ordnung in den $g_{\mu\nu}$ darstellen[3].

Die Feldgleichungen (3) sind in den zweiten Ableitungen der $g_{\mu\nu}$ linear, nicht aber in den ersten Ableitungen. Daraus folgt, daß z. B. zwei starke Gravitationsfelder sich nicht einfach übereinander lagern, sondern in eine komplizierte Wechselwirkung miteinander treten. Infolge der damit verbundenen mathematischen Schwierigkeiten gelang bisher keine befriedigende Behandlung des strengen Zweikörperproblems im Rahmen der Relativitätstheorie.

Es ist ein merkwürdiges Resultat der geschilderten Geometrisierung der Gravitation, daß sie — sofern die Konstante Λ sehr klein gehalten wird — in einer ersten Näherung genau die NEWTONsche Gravitationstheorie liefert, woraus ohne weiteres folgt, daß in dieser Näherung alle mit der NEWTONschen Theorie in so gutem Einklang stehenden Beobachtungstatsachen auch mit der allgemeinen Relativitätstheorie übereinstimmen. Die Konstante $\varkappa$ der Gleichungen (3) ergibt sich dabei zu $\varkappa = \frac{8\pi G}{c^2}$ (G = Gravitationskonstante; nicht zu verwechseln mit dem

---

[1] Zum Beweise vgl. WEYL, Raum-Zeit-Materie, 5. Aufl. Anhang.

[2] $g^{\mu\nu}$ sind die kontravarianten Komponenten des Tensors $g_{\mu\nu}$. Eine Einführung in die Tensoranalysis findet man in jeder der bekannten Monographien von EDDINGTON, LAUE, PAULI, WEYL.

[3] Wir benutzen die Theorie nur in ihrer phänomenologischen Form, bei welcher auf eine Theorie des Materietensors verzichtet wird. Über eine Theorie der gravitierenden Massen als Singularitäten der Gleichung $G_{\mu\nu} = 0$ vgl. EINSTEIN-INFELD-HOFFMANN: Ann. of Math., II. s. **39**, 65 (1938).

Krümmungsskalar G in (3)). Die Entscheidung zwischen beiden Theorien kann erst in höheren Näherungen gesucht werden. Die dabei von der Relativitätstheorie vorhergesagten „Effekte" der Periheldrehung des Merkur von 43″ pro Jahrhundert, der Rotverschiebung von Spektrallinien in starken Schwerefeldern (Sonne, Siriusbegleiter) und der Ablenkung von Lichtstrahlen in Schwerefeldern (am Sonnenrand 1″,75), scheinen zwar der Größenordnung nach vorhanden zu sein. Doch liegt die Grenze der heute möglichen Beobachtungsgenauigkeit in allen Fällen zu nahe, als daß weitere exakte quantitative Prüfungen in Zukunft überflüssig wären. Auch ist das theoretische Verständnis dieser Erscheinungen nicht durchaus auf die Relativitätstheorie angewiesen.

12. Zusammenstellung der Grundgleichungen.

Die Relativitätstheorie charakterisiert die Weltmetrik durch das Symbol

(2) $$ds^2 = g_{\mu\nu}\, dx^\mu\, dx^\nu \qquad (\mu, \nu = 1 \text{ bis } 4)$$

oder

(2a) $$1 = g_{\mu\nu} u^\mu u^\nu; \qquad u^\mu = \frac{dx^\mu}{ds},$$

wo u^μ der Vektor der „Vierergeschwindigkeit" ist, d. h. der Tangenteneinheitsvektor an die Kurve $x^\mu = x^\mu(s)$, und s die Bogenlänge. Die Frage, ob die Differentialform (2) reduzierbar ist auf die Form (1) durch passende Koordinatenwahl, hängt ab von Eigenschaften des Tensors 4. Stufe

(4) $$R_{\theta\iota\varkappa}{}^{\lambda} = \frac{\partial \Gamma^\lambda_{\varkappa\theta}}{\partial x^\iota} - \frac{\partial \Gamma^\lambda_{\varkappa\iota}}{\partial x^\theta} + \Gamma^\lambda_{\sigma\iota}\Gamma^\sigma_{\varkappa\theta} - \Gamma^\lambda_{\sigma\theta}\Gamma^\sigma_{\varkappa\iota},$$

des RIEMANNschen Krümmungstensors. Die Symbole $\Gamma^\lambda_{\varkappa\theta} = \Gamma^\lambda_{\theta\varkappa}$ sind definiert durch

(5) $$\Gamma^\lambda_{\varkappa\theta} = g^{\lambda\sigma}\Gamma_{\varkappa\theta,\sigma} = \tfrac{1}{2} g^{\lambda\sigma}\left(\frac{\partial g_{\varkappa\sigma}}{\partial x^\theta} + \frac{\partial g_{\theta\sigma}}{\partial x^\varkappa} - \frac{\partial g_{\varkappa\theta}}{\partial x^\sigma}\right),$$

wo $g^{\lambda\sigma}$ die „kontravarianten" Komponenten des Fundamentaltensors $g_{\iota\varkappa}$ bilden; es ist also

(6) $$g_{\iota\varkappa} g^{\iota\sigma} = \delta^\sigma_\varkappa = \begin{cases} 0, & \text{wenn } \sigma \neq \varkappa, \\ 1 & \quad ,, \quad \sigma = \varkappa. \end{cases}$$

Im Falle $\sigma = \varkappa$ ist nicht über $\varkappa$ zu summieren, sonst erhält man statt 1 für $\delta^\varkappa_\varkappa$ den Wert 4.

Die notwendige und hinreichende Bedingung dafür, daß die Form (2) durch Koordinatentransformation in (1) überführt werden kann, ist das Verschwinden sämtlicher Komponenten des RIEMANN-Tensors (4).

Die notwendige und hinreichende Bedingung für die *konstante Krümmung* K einer Mannigfaltigkeit von der Metrik (2) lautet

(*) $$R_{\theta\iota\varkappa}{}^{\lambda} = K\left(g_{\theta\varkappa}\delta^\lambda_\iota - g_{\iota\varkappa}\delta^\lambda_\theta\right).$$

Die euklidischen Mannigfaltigkeiten sind hierin für $K = 0$ enthalten.

Der in (3) auftauchende Tensor $G^{\iota\varkappa}$, der sog. „verjüngte" RIEMANN-Tensor, ist eine Linearkombination aus den Größen (4), und zwar ist

$$G^{\iota\varkappa} = g^{\iota\varrho} g^{\varkappa\sigma} G_{\varrho\sigma}; \quad R_{\lambda\varrho\sigma}{}^{\lambda} = G_{\varrho\sigma}. \tag{7}$$

Ebenso ist der in (3) auftauchende Skalar G eine Linearform der $G_{\varrho\sigma}$, und zwar ist

$$G = g_{\varrho\sigma} G^{\varrho\sigma} = g^{\varrho\sigma} G_{\varrho\sigma}. \tag{8}$$

Während der Tensor $R_{\theta\iota\varkappa}{}^{\lambda}$ in einer n-dimensionalen Mannigfaltigkeit $\frac{n^2(n^2-1)}{12}$ algebraisch unabhängige Komponenten hat, hat der Tensor $G_{\iota\varkappa} = R_{\lambda\iota\varkappa}{}^{\lambda}$ deren nur $\frac{n(n+1)}{2}$. Im Falle $n = 3$ stimmen die beiden Anzahlen überein. Während man also für $n > 3$ an Hand von $G_{\iota\varkappa}$ schwächere Aussagen über die Krümmungsverhältnisse macht als an Hand von $R_{\theta\iota\varkappa}{}^{\lambda}$, kann in einer dreidimensionalen Mannigfaltigkeit der eine Tensor ganz durch den anderen vertreten werden. Insbesondere sind für $n = 3$ die Gleichungen

$$G_{\iota\varkappa} = -2K g_{\iota\varkappa}, \tag{**}$$

die eine Linearkombination der Gleichungen (*) darstellen, notwendig und hinreichend für konstante Krümmung K.

Die „kovariante Ableitung" eines Tensors $T^{\iota\varkappa}$ nach x^{σ} ist definiert durch den Tensor 3. Stufe

$$T^{\iota\varkappa}_{(\sigma)} = \frac{\partial T^{\iota\varkappa}}{\partial x^{\sigma}} + \Gamma^{\iota}_{\varrho\sigma} T^{\varrho\varkappa} + \Gamma^{\varkappa}_{\varrho\sigma} T^{\iota\varrho},$$

Aus ihm wird der im vorigen Abschnitt erwähnte Ausdruck der „Divergenz" von $T^{\iota\varkappa}$ abgeleitet durch Gleichsetzen der Indizes $\varkappa$ und σ, also

$$T^{\iota\varkappa}_{(\varkappa)} = \frac{\partial T^{\iota\varkappa}}{\partial x^{\varkappa}} + \Gamma^{\iota}_{\varrho\varkappa} T^{\varrho\varkappa} + \Gamma^{\varkappa}_{\varrho\varkappa} T^{\iota\varrho}. \tag{9}$$

Durch einfaches Ausrechnen bestätigt man, daß die Divergenz von $G^{\iota\varkappa} - \frac{1}{2} g^{\iota\varkappa} G$ verschwindet. Da auch die kovariante Ableitung (und damit die Divergenz) von $g^{\iota\varkappa}$ gleich Null ist, so ist also

$$(G^{\iota\varkappa} - \tfrac{1}{2} g^{\iota\varkappa} G + \Lambda g^{\iota\varkappa})_{(\varkappa)} = 0. \tag{10}$$

Der auf der rechten Seite der Feldgleichungen (3) stehende Tensor $M^{\iota\varkappa}$ kann je nach der Struktur der gravitierenden „Substanz" verschiedenen Bau haben. Wir wollen der Einfachheit halber nur eine Materie betrachten, die allein durch ihre Dichte und ihre Strömung charakterisiert ist. Dann hat $M^{\iota\varkappa}$ die Form

$$M^{\iota\varkappa} = \varrho_0 u^{\iota} u^{\varkappa}, \tag{11}$$

wo ϱ_0 „Eigendichte" der Materie heißt. Die Bedeutung von (11) wird sofort klar, wenn man für einen Augenblick $\varrho = \varrho_0 \left(\frac{dx^4}{ds}\right)^2$ und

$v^i = u^i \frac{ds}{dx^4} = \frac{dx^i}{dx^4}$ setzt. Dann bekommt $M^{\iota\varkappa}$ die Form

$$(12) \qquad \begin{cases} M^{ik} = \varrho v^i v^k, \\ M^{i4} = \varrho v^i, \\ M^{44} = \varrho. \end{cases}$$

Bei pseudoeuklidischer Weltmetrik, wenn also kein „eigentliches" Gravitationsfeld vorhanden ist, kann man die Koordinaten so wählen, daß (2) die Form (1) annimmt; die $\Gamma^\lambda_{\varkappa\theta}$ verschwinden und die Bedingung $M^{\iota\varkappa}_{(\varkappa)} = 0$ wird identisch mit den Erhaltungssätzen (I, 1) und (I, 2) für verschwindenden Druck und verschwindendes Potential. Läßt sich aber (2) nicht mehr auf die Form (1) bringen, so enthält das Gesetz $M^{\iota\varkappa}_{(\varkappa)} = 0$ nach (9) auf jeden Fall Zusatzterme, die die größere Kompliziertheit der metrischen Struktur ausdrücken und in manchen Fällen mit dem Namen „Gravitationskraft" belegt werden dürfen. Die Bedingung der verschwindenden Divergenz von $M^{\iota\varkappa}$ läßt sich dann schreiben

$$(13) \qquad \frac{du^\mu}{ds} + \Gamma^\mu_{\iota\varkappa} u^\iota u^\varkappa = 0.$$

Auch diese Gleichungen sind noch mit (I, 1) und (I, 2) bei Vorhandensein eines Potentials verwandt, haben aber nur in ganz ausgearteten Spezialfällen den gleichen einfachen Bau[1].

Die Gleichungen (13) gelten aber nicht nur für kontinuierlich verteilte spannungsfreie Materie, sondern auch[2] für materielle Korpuskeln. Da durch (13) die sog. geodätischen Linien in der Metrik (2) definiert sind, kann man sagen, daß materielle Korpuskeln sich auf geodätischen Linien bewegen. Es ist wichtig, darauf zu achten, daß hierbei als Parameter die Bogenlänge s benutzt wird. Man kann nämlich aus den MAXWELLschen Gleichungen in ihrer allgemein-kovarianten Form folgern[3], daß die orthogonalen Trajektorien einer sich zeitlich ausbreitenden elektromagnetischen Wellenfront Kurven sind, welche den Gleichungen

$$(14) \qquad \frac{d^2 x^\mu}{dp^2} + \Gamma^\mu_{\iota\varkappa} \frac{dx^\iota}{dp} \frac{dx^\varkappa}{dp} = 0$$

gehorchen, die in ihrem Bau mit (13) identisch sind. Während aber (13) mit der Gleichung (2a) verbunden werden muß, ist im Falle (14) des Lichtes die Bedingung

$$(15) \qquad g_{\iota\varkappa} \frac{dx^\iota}{dp} \frac{dx^\varkappa}{dp} = 0$$

hinzuzunehmen. Man sagt, da hier der Tangentenvektor dx^ι/dp die „Länge" Null hat, das Licht bewege sich auf einer geodätischen Nullinie. Der Parameter p ist hier also nicht die Bogenlänge.

---

[1] HECKMANN: Abh. Math. Sem. Hamburg **14**, 192 (1941).

[2] LAUE: Das Relativitätsprinzip **2**, § 15. — Vgl. auch ROBERTSON: Proc. Edinburgh Math. Soc. (2) **5**, 68 (1937).

[3] LAUE: Das Relativitätsprinzip **2**, § 14d.

Gemäß (15) breitet sich das Licht vom Erregungspunkte auf einem Kegel in die Zukunft hinein aus. Denkt man sich den Kegel auch in die Vergangenheit konstruiert, so ist folgende Sprechweise üblich: Jede vom Scheitel des Kegels in sein Inneres weisende Richtung heißt „zeitartig", jede ins Äußere weisende „raumartig"; jede auf dem Kegel liegende Richtung heißt „Nullrichtung". Steht die „natürliche" Zeitrichtung durch die Ausbreitung des Lichtes fest, so heißt ein Punkt P „früher" als ein anderer, Q, wenn beide durch eine *überall* zeitartige Kurve verbunden werden können und die Zeitkoordinate x_P^4 kleiner als x_Q^4 ist. Dieser Begriff des „früher" ist nur dann sinnvoll, wenn man zeigen kann, daß ein Ereignis Q nur von solchen Ereignissen P kausal abhängen kann, die „früher" sind als Q. Man wird also zu untersuchen haben, ob die von den Feldgleichungen beschriebenen Prozesse gerade den Wirkungszusammenhang zeigen, den der Lichtkegel ausdrückt, von dem man anzunehmen hat, daß er in Gebieten, die zu klein sind, als daß er sich in ihnen selbst durchdringt, die Welt scheidet in kausal zusammenhängende Punkte im Kegelinnern und kausal nicht zusammenhängende Punkte im Kegeläußern, kurz, ob der durch die Feldgleichungen gegebene Wirkungszusammenhang übereinstimmt mit dem durch den Fundamentaltensor $g_{\iota\varkappa}$ gegebenen.

Man beachte vorab, daß die Feldgleichungen (3) zusammen mit (13) und (2a) nur scheinbar ein System von 15 Gleichungen mit den 15 Unbekannten $g_{\iota\varkappa}$, u^μ, ϱ darstellen. Denn (13) ist ja eine Folge von (3), so daß nur 11 Gleichungen für 15 unbekannte Funktionen vorliegen. Diese charakteristische Unbestimmtheit beruht wesentlich auf der Tatsache, daß die Feldgleichungen (3) aus einem invarianten Variationsprinzip herleitbar sind[1].

Die Antwort auf die aufgeworfene Frage ist nach einer neueren Analyse[2] folgende: Nach Vorgabe eines Systems von Anfangswerten der $g_{\iota\varkappa}$, $\frac{\partial g_{\iota\varkappa}}{\partial x^\lambda}$, u^μ, ϱ auf einer Fläche $x^4 = \text{const.}$ besitzt die Lösung tatsächlich noch eine unendliche Vieldeutigkeit, die gerade vier willkürlichen Funktionen entspricht. Aber irgend zwei dieser in den Anfangswerten übereinstimmenden Lösungen können stets durch Koordinatentransformationen ineinander überführt werden, charakterisieren somit dieselben invarianten Verhältnisse, sind also physikalisch gleichwertig. Von dieser Vieldeutigkeit abgesehen herrscht der richtige Kausalzusammenhang: Die Werte der Feldgrößen $g_{\iota\varkappa}$, u^μ, ϱ in einem Punkte P hängen in der Tat allein ab von Anfangswerten, die im Innern des von P rückwärts konstruierten Lichtkegels liegen.

---

[1] Literatur bei PAULI: Encykl. d. Math. Wiss. **5**, 2, 19, Nr 23.
[2] STELLMACHER: Math. Ann. **115**, 136 (1937).

Wie fremd auch der formale Apparat anmuten mag gegenüber den Gleichungen (I, 1), (I, 2), (I, 3) der klassischen Mechanik: Die innere Verwandtschaft liegt doch vor und drückt sich wesentlich aus in der Tatsache, daß die klassischen Gesetze in (10) und (11) als Grenzfall enthalten sind. Der Unterschied liegt — physikalisch gesehen — hauptsächlich darin, daß nun erstens die Feldwirkungen sich höchstens mit Lichtgeschwindigkeit fortpflanzen, daß zweitens nicht allein die Masse, sondern daneben noch der Impuls und der Impulsstrom der Materie gravitierend wirken; da also die Materie nicht durch einen Skalar auf das Gravitationsfeld wirkt, sondern durch einen Tensor, ist es verständlich, warum das Gravitationsfeld selbst nicht mehr durch den Skalar Φ, sondern durch den Tensor $g_{\mu\nu}$ beschrieben wird.

13. Die zulässigen Koordinatensysteme. Das Weltpostulat.

Wie im klassischen Falle die eigentliche Kosmologie beginnt mit dem Augenblick, wo (Abschn. 3) das Weltpostulat eingreift, so kommt es auch jetzt darauf an, die unendlichen Lösungsmannigfaltigkeiten durch ein analoges Prinzip so einzuschränken, daß die mit Materie erfüllte Welt jedem „zulässigen", d. h. mitschwimmenden Beobachter den gleichen Anblick bietet. Wir haben also zunächst eine mathematische Formulierung zu suchen für die zulässigen Beobachter.

Es ist eine große Erleichterung, von vornherein die Koordinaten so zu wählen, daß in ihnen die Materie überhaupt nicht strömt. Sind zunächst $\bar{x}^\mu$ irgendwelche Koordinaten, in welchen die Viererströmung $\bar{u}^\mu$ durch vier beliebige Funktionen dieser Koordinaten beschrieben wird, so führen wir durch

$$\breve{u}^\nu = \frac{\partial \breve{x}^\nu}{\partial \bar{x}^\mu}\, \bar{u}^\mu = \delta^\nu_4 = \begin{cases} 0 & \text{wenn} \quad \nu \neq 4 \\ 1 & \quad ,, \qquad \nu = 4 \end{cases}$$

die neuen Koordinaten $\breve{x}^\nu$ ein. In diesen ist dann nach (13)

$$\breve{\Gamma}^\mu_{44} = \breve{\Gamma}_{44,\mu} = 0$$

und wegen $\breve{u}^\mu \breve{u}_\mu = 1$ [vgl. (2a)] ist

$$\breve{g}_{44} = 1$$

und damit nach (5)

$$\frac{\partial \breve{g}_{4i}}{\partial \breve{x}^4} = 0. \qquad (i = 1, 2, 3)$$

Also: In allen Koordinatensystemen $\breve{x}^\mu$, in welchen $\breve{g}_{44} = 1$ ist und die $\breve{g}_{4i}$ nicht von der Zeit abhängen, kann Materie von der Form (11) ruhend verharren. Unter diesen Koordinatensystemen kann man von vornherein ein noch einfacheres Koordinatensystem auswählen, ohne dadurch die Allgemeinheit zu beschränken; man kann nämlich $\breve{g}_{4i} = 0$

setzen. Geometrisch ist das leicht einzusehen: Man wähle im R_4 einen Unterraum R_3, in welchem jede Richtung raumartigen Charakter habe, und konstruiere die Gesamtheit der auf R_3 *senkrechten* Geodätischen, die nun alle notwendig zeitartige Richtung besitzen. Auf diesen trage man gleich lange Stücke ab, die den geometrischen Ort eines zum R_3 „geodätisch-parallelen" Unterraumes darstellen, der wieder senkrecht durchsetzt wird von den Geodätischen. Indem man das Verfahren fortsetzt, erfüllt man den R_4 mit der ∞^1-fachen Schar der zueinander geodätisch-parallelen Unterräume, deren orthogonale Trajektorien jene ∞^3 geodätischen Linien sind. Die auf diesen Geodätischen abgetragene Länge definiert uns die universelle, kosmische Zeit t, und die Mannigfaltigkeiten $t = \text{const.}$ stellen den zeitlich veränderlichen Raum dar. Das Linienelement hat in diesen Koordinaten offenbar die gewünschte Form

$$ds^2 = dt^2 + g_{ik}\, dx^i\, dx^k, \tag{16}$$

wo wir die Zeichen ˇ jetzt fortlassen. Die g_{ik} hängen noch beliebig von t und x^i ab. Der Materietensor ist dabei anzusetzen in der Form

$$\left\{\begin{aligned} M^{ik} &= M^{i4} = 0, \\ M^{44} &= \varrho(x^i, t). \end{aligned}\right. \tag{17}$$

Nun stationieren wir in dem Weltsubstrat (wir nehmen das Wort des ersten Abschnitts wieder auf) *mitschwimmende* Beobachter $S, \bar{S}, \bar{\bar{S}} \ldots$, die die Welt (16) jeweils beschreiben in den Koordinaten $x^\mu, \bar{x}^\mu, \bar{\bar{x}}^\mu \ldots$ Da also für sie alle gelten soll $u^i = \bar{u}^i = \bar{\bar{u}}^i = \cdots = 0$; $u^4 = \bar{u}^4 = \bar{\bar{u}}^4 = \cdots = 0$, so lauten die Transformationsformeln, die den Übergang von S auf $\bar{S}$ beschreiben,

$$\bar{x}^i = \bar{x}^i(x^1, x^2, x^3); \quad \bar{t} = t \tag{18}$$

und analog hat man beim Übergang von $\bar{S}$ auf $\bar{\bar{S}}$

$$\bar{\bar{x}}^i = \bar{\bar{x}}^i(\bar{x}^1, \bar{x}^2, \bar{x}^3); \quad \bar{\bar{t}} = \bar{t}$$

usw. Für alle diese Beobachter ist $g_{4i} = \bar{g}_{4i} = \bar{\bar{g}}_{4i} = \cdots = 0$; $g_{44} = \bar{g}_{44} = \bar{\bar{g}}_{44} = \cdots = 1$, während die $g_{ik}, \bar{g}_{ik} \ldots$ miteinander verbunden sind durch

$$\bar{g}_{rs}(\bar{x}) \frac{\partial \bar{x}^r}{\partial x^i} \frac{\partial \bar{x}^s}{\partial x^k} = g_{ik}(x) \qquad (i, k, r, s = 1, 2, 3) \tag{19}$$

gemäß dem Transformationsgesetz kovarianter Tensoren. Wir bedenken nun, daß in die Transformationsformeln (18) eine Reihe von Parametern eingehen muß neben den Koordinaten, so daß sie eigentlich zu schreiben sind

$$\bar{x}^i = \bar{x}^i(x^1, x^2, x^3; a^1, a^2 \ldots).$$

Denn der Übergang von S auf ein anderes System $\bar{S}$ wird abhängen vom Orte des Systems S (charakterisiert durch drei Zahlen) und von seiner Orientierung im Koordinatensystem der x^i (wieder charakterisiert durch drei Zahlen). Somit ist (18) als 6-parametrige Transformationenschar aufzufassen:

$$\bar{x}^i = \bar{x}^i(x^1, x^2, x^3;\; a^1 \dots a^6). \tag{18a}$$

Über eine spezielle Gestalt der Schar machen wir keine Voraussetzungen.

Das *Weltpostulat* verlangt jetzt folgendes: Findet S zu einer bestimmten Zeit t an irgendeiner Stelle $P(x)$ bestimmte Werte $g_{ik}(x, t)$, so soll irgendein anderer Beobachter $\bar{S}$ zur gleichen Zeit t an der analogen Stelle $\bar{P}(\bar{x})$, die definiert ist durch $x^i = \bar{x}^i$, auch die gleiche Metrik $\bar{g}_{ik}(\bar{x}, t)$ finden; es soll demnach gelten

$$\bar{g}_{ik}(\bar{x}, t) = g_{ik}(x, t), \quad \text{wenn} \quad x^i = \bar{x}^i \quad (\text{identisch in } t).$$

Die $\bar{g}_{ik}$ und die g_{ik} sind also die gleichen Funktionen der Koordinaten. Man kann somit den Querstrich über den g fortlassen und erhält aus (19) die Gleichung

$$g_{rs}(\bar{x}, t)\frac{\partial \bar{x}^r}{\partial x^i}\frac{\partial \bar{x}^s}{\partial x^k} = g_{ik}(x, t). \tag{20}$$

Diese Gleichungen sollen identisch gelten in den Parametern a und der Zeit t. Sie enthalten die durch das Weltpostulat erzeugte Zwangskoppelung zwischen den zunächst beliebig gelassenen Funktionen g_{ik} und $\bar{x}^i(x; a)$. (20) kann in wesentlich verschiedenen Weisen verwandt werden: Gibt man die Form von (18a) vor, so erhält man aus (20) diejenigen g_{ik}, die die vom Weltpostulat geforderte Invarianzeigenschaft besitzen. Gibt man aber die g_{ik} vor, so ist aus (20) die Transformationenschar zu bestimmen. Diese letztere Aufgabe ist gar nicht immer lösbar, schon weil die Anzahl der Gleichungen (20) größer ist als die Anzahl der gesuchten Funktionen. Wir wollen hier aber die Integrabilitätsbedingungen nicht im einzelnen untersuchen[1]. Es genügt, im Augenblick zu bemerken, daß die g_{ik} in (20) die Zeit t nicht beliebig enthalten dürfen, sondern nur so, daß die Lösung $\bar{x}^i(x; a)$ bestimmt zeitfrei wird. Das wird nur erreicht durch die Forderung, daß die sechs g_{ik} die Zeit nur in einem und demselben Zeitfaktor enthalten:

$$g_{ik}(x, t) = -R^2(t)\,\gamma_{ik}(x). \tag{21}$$

Damit erhält man aus (16)

$$ds^2 = dt^2 - R^2(t)\,d\sigma^2; \qquad d\sigma^2 = \gamma_{ik}\,dx^i\,dx^k. \qquad (i, k = 1, 2, 3) \tag{22}$$

Die quadratische Differentialform $d\sigma^2$ ist natürlich positiv definit, da sie nur raumartige Richtungen enthält. Auf die vollständige Untersuchung von (20) zu verzichten ist uns nur deshalb möglich, weil wir noch die Feldgleichungen (3) in Verbindung mit dem Materieansatz (17) zur Verfügung haben.

[1] Fubini: Ann. Mat. pura appl. (3) **9**, 33 (1904). Vgl. auch den Anhang C der S. 3, Anm. 3 genannten Arbeit von Robertson.

Wir benutzen also das Weltpostulat im weiteren nur in einer sehr schwachen Weise: Man kann etwa sagen, die Form (22) der Metrik sei notwendig und hinreichend dafür, daß die Invarianz gegenüber beliebigen zeitfreien Transformationen (18a) *nachträglich* gefordert werden kann. Die Forderung der Invarianz selbst brauchen wir aber nicht zu erheben, da die Invarianz sich durch Heranziehung der Feldgleichungen automatisch einstellen wird. Der geometrische Inhalt von (22) ist am einfachsten ausgedrückt durch die Tatsache, daß irgendwelche relativ zu den Koordinaten x^1, x^2, x^3 festliegenden Konfigurationen im Laufe der Zeit in allen Teilen zu sich selbst ähnlich transformiert werden. Ferner ist die Form (22) die einzige unter allen Linienelementen der Form (16), bei welcher alle Geodätischen $x^1, x^2, x^3 = \text{const.}$ durch einen einzigen Punkt $R(t) = 0$ gehen. Damit ist ein Weltpunkt als Beginn der Welt ausgezeichnet und die Schicksalsgemeinschaft aller Substratelemente ausgedrückt.

14. Lösung der Feldgleichungen.

a) Die räumliche Metrik.

Berechnet man für die Metrik (22) nach (5) die $\Gamma^\lambda_{\varkappa\theta}$, so bekommt man

$$\text{(22a)}\quad \begin{cases} \Gamma^k_{ij} = \overset{*}{\Gamma}{}^k_{ij} = \frac{1}{2}\gamma^{kl}\left(\frac{\partial\gamma_{il}}{\partial x^j} + \frac{\partial\gamma_{lj}}{\partial x^i} - \frac{\partial\gamma_{ij}}{\partial x^l}\right); \\ \Gamma^4_{ij} = R\dot{R}\gamma_{ij}; \qquad \Gamma^k_{i4} = \frac{\dot{R}}{R}\delta^k_i; \qquad \delta^k_i = \begin{cases} 0 & \text{wenn } i \neq k; \\ 1 & \text{,,} \quad i = k; \end{cases} \\ \Gamma^k_{44} = \Gamma^4_{4k} = \Gamma^4_{44} = 0. \\ \qquad\qquad (i, j, k, l = 1, 2, 3) \end{cases}$$

Die Punkte über R bedeuten Ableitungen nach der Zeit. Die nach (4) und (7) berechneten Komponenten des verjüngten Krümmungstensors sind

$$G_{ik} = \overset{*}{G}_{ik} - 2\dot{R}^2\gamma_{ik} - R\ddot{R}\gamma_{ik},$$

wo $\overset{*}{G}_{ik}$ der aus den $\overset{*}{\Gamma}{}^k_{ij}$ aufgebaute verjüngte Riemann-Tensor in der dreidimensionalen Metrik $d\sigma^2$ ist. Ferner kommt

$$G_{i4} = 0; \qquad G_{44} = 3\frac{\ddot{R}}{R}.$$

Man kann die Feldgleichungen (3) umschreiben in die Form

$$\text{(3a)}\qquad G_{\mu\nu} - \Lambda g_{\mu\nu} = -\varkappa(M_{\mu\nu} - \tfrac{1}{2}g_{\mu\nu}M). \qquad (\mu, \nu = 1 \text{ bis } 4)$$

Hier ist nach (17) $M = g_{\mu\nu}M^{\mu\nu} = \varrho$ und somit

$$\left.\begin{aligned} M_{ik} - \tfrac{1}{2}g_{ik}M &= \tfrac{1}{2}R^2\varrho\gamma_{ik}, \\ M_{i4} - \tfrac{1}{2}g_{i4}M &= 0, \\ M_{44} - \tfrac{1}{2}g_{44}M &= \tfrac{1}{2}\varrho. \end{aligned}\right\} \qquad (i, k = 1, 2, 3)$$

Die Feldgleichungen (3a) liefern jetzt

$$\overset{*}{G}_{ik} - 2\dot{R}^2\gamma_{ik} - R\ddot{R}\gamma_{ik} + \Lambda R^2\gamma_{ik} = -\frac{\varkappa}{2} R^2 \varrho\gamma_{ik}, \tag{23}$$

$$3\frac{\ddot{R}}{R} - \Lambda = -\frac{\varkappa}{2}\varrho. \tag{24}$$

Da R nur die Zeit t enthält, so folgt aus (24), daß ϱ auch nur von t, aber nicht von den Koordinaten x^i abhängen kann, also

$$\varrho(x, t) = \varrho(t). \tag{25}$$

Dividiert man (23) durch γ_{ik}, so hat man die Variablen x^i von t getrennt, so daß man erhält

$$\overset{*}{G}_{ik} + 2\varepsilon K\gamma_{ik} = 0, \tag{26}$$

wo K eine weder von t noch von den x^i abhängige *positive* Konstante ist, ε dagegen nur die Werte $+1, 0, -1$ annehmen kann. Wie wir in Abschn. 12 ausführten, ist (26) die notwendige und hinreichende Bedingung für die konstante Krümmung εK der Metrik $d\sigma^2$. Dieses Resultat hat eine große Tragweite: Wir hatten nur eine ganz schwache Form des Weltpostulats benutzt, die zwar auf die Weltmetrik (22) führte, ohne aber $d\sigma^2$, die räumliche Metrik, einzuschränken. Jetzt haben die Feldgleichungen zu (26) geführt und damit diejenigen Verhältnisse geschaffen, auf die das Weltpostulat in seiner schärfsten Form (Invarianz der Metrik gegenüber einer 6-parametrigen Transformationsgruppe) uns geführt hätte[1]. Die Wahl der räumlichen Koordinaten steht uns noch frei. Um aber die Transformationsgruppe einfach schreiben zu können, wählen wir für $d\sigma^2$ die sog. projektive[2] Form des Linienelements der Mannigfaltigkeiten konstanter Krümmung

$$d\sigma^2 = \frac{(1+\varepsilon r^2)\sum\limits_1^3 (dx^i)^2 - \varepsilon\left(\sum\limits_1^3 x^i\,dx^i\right)^2}{(1+\varepsilon r^2)^2}, \qquad \varepsilon = +1,\ 0 \text{ oder } -1 \tag{27}$$

mit

$$r^2 = \sum_1^3 (x^i)^2.$$

Für $\varepsilon = +1$ stellt (27) die Metrik eines sphärischen, für $\varepsilon = -1$ eines hyperbolischen und für $\varepsilon = 0$ eines euklidischen Raumes dar. Wenn $\varepsilon \neq 0$, so lautet die Transformationsgruppe, welche (27) invariant läßt,

$$\bar{x}^i = \frac{a_0^i + a_k^i x^k}{a_0^0 + a_k^0 x^k}. \qquad (i, k = 1, 2, 3) \tag{28}$$

[1] Dieses Vorkommnis steht in Analogie zur Bestimmung des Potentials Φ aus den Gesetzen der Impulserhaltung in Teil I, Abschn. 5.

[2] Die projektive Form des Linienelementes hat viele Vorteile. Trotzdem ist sie in der physikalisch-astronomischen Literatur nur selten benutzt worden.

Für $\varepsilon = +1$ muß dabei die Matrix

$$\begin{pmatrix} a_0^0 & a_0^1 & a_0^2 & a_0^3 \\ a_1^0 & a_1^1 & a_1^2 & a_1^3 \\ a_2^0 & a_2^1 & a_2^2 & a_2^3 \\ a_3^0 & a_3^1 & a_3^2 & a_3^3 \end{pmatrix},$$

für $\varepsilon = -1$ aber die Matrix

$$\begin{pmatrix} a_0^0 & -i a_0^1 & -i a_0^2 & -i a_0^3 \\ i a_1^0 & a_1^1 & a_1^2 & a_1^3 \\ i a_2^0 & a_2^1 & a_2^2 & a_2^3 \\ i a_3^0 & a_3^1 & a_3^2 & a_3^3 \end{pmatrix}, \qquad i = \sqrt{-1}$$

orthogonal sein. In beiden Fällen sind von den 16 Koeffizienten also nur 6 unabhängig, weil 10 Orthogonalitätsbedingungen bestehen. Man sieht, daß (28) eine projektive Transformation darstellt, die das „absolute" Gebilde

$$(x^1)^2 + (x^2)^2 + (x^3)^2 + \varepsilon = 0$$

in sich überführt: Bei $\varepsilon = +1$ eine imaginäre, bei $\varepsilon = -1$ eine reelle Kugel. — Im Falle der euklidischen Metrik ($\varepsilon = 0$) lautet die Transformationsgruppe einfach

$$\bar{x}^i = b^i + b^i_k x^k, \qquad (i, k = 1, 2, 3)$$

wo die b^i irgendwelche Konstante sind und die b^i_k eine orthogonale dreireihige Matrix bilden. Da also 6 Relationen zwischen den 9 Größen b^i_k bestehen, sind nur 3 von ihnen unabhängig. Die Gruppe hat wieder genau 6 Parameter.

Unter mathematischen Gesichtspunkten ist die Wahl der projektiven Form (27) für Räume konstanter Krümmung besonders empfehlenswert. Für spätere Anwendungen ist dagegen angenehm die folgende Form:

$$\text{(27a)} \qquad d\sigma^2 = \frac{dr^2}{1 - \varepsilon r^2} + r^2(d\theta^2 + \sin^2\theta\, d\varphi^2),$$

die man aus (27) erhält durch die Transformation

$$x^1 = \frac{r}{\sqrt{1 - \varepsilon r^2}} \cos\varphi \sin\theta,$$

$$x^2 = \frac{r}{\sqrt{1 - \varepsilon r^2}} \sin\varphi \sin\theta,$$

$$x^3 = \frac{r}{\sqrt{1 - \varepsilon r^2}} \cos\theta.$$

Ebenso wird oft verwendet die Form

$$\text{(27b)} \qquad d\sigma^2 = d\chi^2 + S^2(\chi)\,(d\theta^2 + \sin^2\theta\, d\varphi^2),$$

wo

$$S(\chi) = \frac{\sin\sqrt{\varepsilon}\cdot\chi}{\sqrt{\varepsilon}} = \begin{cases} \sin\chi & \text{wenn } \varepsilon = +1, \\ \chi & \text{,, } \varepsilon = 0, \\ \mathfrak{Sin}\,\chi & \text{,, } \varepsilon = -1. \end{cases}$$

Aus (27a) wird sie erhalten durch die Transformation $r = S(\chi)$.

b) Die Zeitabhängigkeit.

Um die Zeitabhängigkeit von R und ϱ zu erhalten, setzen wir (26) in (23) ein und bekommen unter Hinzunahme von (24) die folgenden Gleichungen zwischen R und ϱ:

$$\dot{\varrho} + 3\varrho\frac{\dot{R}}{R} = 0, \tag{30}$$

$$\dot{R}^2 = \frac{\varkappa}{3}R^2\varrho + \frac{\Lambda}{3}R^2 - \varepsilon K. \tag{31}$$

(30) sagt die Erhaltung der Masse aus und liefert integriert

$$\frac{4\pi}{3}R^3\varrho = \mathfrak{M} = \text{const.} > 0, \tag{32}$$

wo der Faktor $4\pi/3$ völlig konventionell ist. Also folgt für R die Differentialgleichung

$$\dot{R}^2 = \frac{\varkappa\mathfrak{M}}{4\pi R} + \frac{\Lambda}{3}R^2 - \varepsilon K.$$

Da man wegen $K > 0$ immer $d\sigma^2 = d\sigma'^2/K$ setzen kann, wo $d\sigma'^2$ die Krümmung ± 1 hat, so kann nach (22) K in die Funktion R mit aufgenommen werden. Dann ist es keine Einschränkung der Allgemeinheit, in der Fundamentalform $ds^2 = dt^2 - R^2(t)\,d\sigma^2$ *von vornherein* für $d\sigma^2$ nur die Krümmung $\varepsilon = +1$, 0 oder -1 anzunehmen, so daß die Differentialgleichung für R lautet:

$$\dot{R}^2 = \frac{\varkappa\mathfrak{M}}{4\pi R} + \frac{\Lambda}{3}R^2 - \varepsilon. \tag{33}$$

Die Lösungen von (33) hängen von den beiden Parametern $\mathfrak{M}$ und Λ ab. Doch erreicht man durch die Transformation $x = \sqrt{\frac{1}{3}|\Lambda|}\cdot t$; $y = \sqrt{\frac{1}{3}|\Lambda|}\cdot R$ ($\Lambda \neq 0$!) mit der Abkürzung $\mu = \frac{\varkappa\mathfrak{M}}{4\pi}\sqrt{\frac{1}{3}|\Lambda|}$, daß (33) die Form

$$\left(\frac{dy}{dx}\right)^2 = \frac{\mu}{y} + \eta y^2 - \varepsilon \qquad (\varepsilon,\ \eta = 0,\ +1,\ -1) \tag{33a}$$

bekommt, die zunächst nur für $\eta = \pm 1$ gilt, aber für $\eta = 0$ tatsächlich in (33) für $\Lambda = 0$ übergeht, wenn man in diesem Falle $\mu = \frac{\varkappa\mathfrak{M}}{4\pi}$, sowie $x = t$; $y = R$ setzt. Somit hat man also je nach den Werten von ε und η im ganzen 9 Gruppen von Lösungen, in deren jeder der Parameter μ beliebige positive Werte annehmen kann. Durch $|\Lambda|$ wird darüber hinaus nur der Maßstab der Lösungen festgelegt.

Wir hatten bisher $g_{44} = 1$ gesetzt und damit für einen in der Welt (22) frei fallenden, unendlich kleinen Bereich die Lichtgeschwindigkeit gleich Eins angenommen. Wenn wir $c\,dt$ an Stelle von dt in (3) schreiben, so können wir zu CGS-Einheiten zurückkehren und erhalten mit Rücksicht auf (33) und $\varkappa = \frac{8\pi G}{c^2}$ (G = Gravitationskonstante, nicht zu verwechseln mit dem nur auf den S. 35, 37 vorkommenden Krümmungsskalar G)

$$\frac{1}{2}\dot{R}^2 = \frac{G\mathfrak{M}}{R} + \frac{\Lambda_0}{6}R^2 + h. \tag{33b}$$

Dabei haben wir zur Abkürzung $-\frac{1}{2}\varepsilon c^2 = h$, $\Lambda c^2 = \Lambda_0$ gesetzt. Wir stehen vor dem merkwürdigen Resultat, *daß der universelle Skalenfaktor $R(t)$ in der klassischen Theorie wie in der Relativitätstheorie nicht nur genähert, sondern formal genau das gleiche Gesetz erfüllt,* wie ein Blick auf Gleichung (I, 42) zeigt[1]. Und zwar entsprechen die klassischen Fälle negativer Gesamtenergie in einem sich mit dem Substrat ausdehnenden Volumen den relativistischen Fällen sphärischer Metrik, die klassischen positiver Energie den relativistisch-hyperbolischen und diejenigen der Energie Null den euklidischen Räumen. Diese Entsprechung ist insofern lehrreich, als sie für beschränkte Bereiche eine wechselseitige Aufhellung der klassischen und relativistischen Gravitationstheorie liefert.

Würde man nicht den aufs äußerste vereinfachten Materieansatz (12) bzw. (17) machen, sondern neben der Dichte der Materie auch noch ihren Druck berücksichtigen, so würde die Relativitätstheorie zu prinzipiell von den klassischen abweichenden Ergebnissen kommen, weil das Auftreten von Spannungen in der Materie das Auftreten eines Impulsstromes bedingt, der seinerseits nach der Auffassung der Relativitätstheorie wieder gravitierend wirkt. Die Diskussion solcher Modelle liefert aber keine wesentlich neuen Resultate gegenüber dem einfachen Ansatz (17) und in der Folge gegenüber (33). Denn erstens ist der *quantitative* Einfluß der Spannungsglieder (mechanischen oder elektromagnetischen Ursprungs) sehr gering. Zweitens ist das *qualitative* Verhalten der Modelle in Abhängigkeit von der Zeit — solange nur isotrope Druckspannungen (beliebiger Stärke) herrschen — immer schon durch das einfachere, drucklose Modell (33) vorgezeichnet.

Wir haben den Lösungsverlauf kurz in Abschn. 5 und 6 diskutiert und begnügen uns unter Hinweis auf die in diesem Punkte sehr vollständige Literatur[2] mit ein paar kurzen Bemerkungen: Zunächst ist natürlich in den relativistischen Modellen ebenso wie in den NEWTONschen die Singularität für $R = 0$ vorhanden, die wir in Abschn. 6

[1] Dieses Resultat fanden MILNE und MCCREA. Vgl. die S. 4, Anm. 1 angegebene Literatur.

[2] DE SITTER: a. a. O. vgl. S. 26, Anm. 1. — TOLMAN: a. a. O. vgl. S. 19, Anm. 1. — ROBERTSON: a. a. O. vgl. S. 3, Anm. 3. — HECKMANN: Nachr. Ges. Wiss. Göttingen **1932**, 97.

behandelten. Auf den Versuch, anisotrope Materieverteilungen einzuführen, haben wir diesmal verzichtet (obwohl seine Durchführung keine prinzipiellen Schwierigkeiten bietet). Wieder haben wir singularitätenfreie Lösungszweige für $\Lambda > 0$, $\varepsilon = +1$ $(h < 0)$, sofern nur $\mathfrak{M}$ genügend klein gehalten wird. Bei dieser Vorzeichenwahl haben wir die einzige Möglichkeit einer statischen Lösung $R = \text{const.}$, die aber — wie im klassischen Falle — instabil ist[1].

Wir heben aber ganz besonders hervor die Fälle $\Lambda = 0, \varepsilon = +1$; $\Lambda < 0, \varepsilon = 0$ und $\Lambda < 0, \varepsilon = +1$, weil sie keine Möglichkeit materiefreier Lösungen gestatten. Bei ihnen ist die Verbindung von metrischem Feld und Materie so eng, daß die Metrik völlig ausartet $(R \to 0)$, sobald der Materiegehalt verschwindet. In diesen Fällen allein wird dem MACHschen Prinzip Genüge getan (vgl. S. 32, Anm. 1), ist also die Trägheit *völlig* durch die Materie bestimmt. In allen anderen Modellen bleibt bei verschwindendem Materiegehalt doch ein mit physikalischen Eigenschaften belegtes metrisches Feld übrig, entgegen dem von EINSTEIN ursprünglich aufgestellten Programm[2].

Man kann sich die durch (22) und (26) dargestellten vierdimensionalen Welten eingebettet denken in fünfdimensionale euklidische Räume. Dann erhöht es die Anschaulichkeit, mit Unterdrückung von zwei Dimensionen MINKOWSKI-Diagramme zu konstruieren[3].

15. Die Bewegung einer freien Partikel.

Um die Bewegungsgleichungen eines freien Probekörpers im Substrat der Metrik (22) zu erhalten, haben wir die zu Anfang des vorigen Abschnitts abgeleiteten speziellen Werte der $\Gamma^{\mu}_{\nu\varrho}$ in die Gleichung (13) der geodätischen Linien einzusetzen. Ist α ein *beliebiger* an die Stelle der Bogenlänge s tretender Parameter, so erhalten die Gleichungen (13) der Geodätischen einen Zusatzterm, so daß sie lauten

$$\frac{d^2 x^\mu}{d\alpha^2} + \Gamma^{\mu}_{\nu\varrho} \frac{d x^\nu}{d\alpha} \frac{d x^\varrho}{d\alpha} = \frac{d x^\mu}{d\alpha} \cdot \frac{d^2 s}{d\alpha^2} \Big/ \frac{d s}{d\alpha}, \qquad (\mu, \nu, \varrho = 1 \text{ bis } 4) \tag{34}$$

wobei gleichzeitig

$$\left(\frac{d s}{d\alpha}\right)^2 = g_{\mu\nu} \frac{d x^\mu}{d\alpha} \frac{d x^\nu}{d\alpha} \qquad (\mu, \nu = 1 \text{ bis } 4)$$

ist. Im besonderen Falle der Metrik (22) bekommen wir statt (34), wenn wir den Parameter α identifizieren mit der Bogenlänge σ im Hilfsraum $d\sigma^2 = \gamma_{ik}\, d x^i\, d x^k$,

$$\left\{\begin{aligned} &\frac{d^2 x^k}{d\sigma} + \overset{*}{\Gamma}{}^{k}_{ij} \frac{d x^i}{d\sigma} \frac{d x^j}{d\sigma} = \frac{d x^k}{d\sigma} \left(\frac{d^2 s}{d\sigma^2} \Big/ \frac{d s}{d\sigma} - \frac{2}{R} \frac{d R}{d\sigma}\right), \qquad (i, j, k = 1, 2, 3) \\ &\frac{d^2 t}{d\sigma^2} + R \frac{d R}{d\sigma} \frac{d\sigma}{d t} = \frac{d t}{d\sigma} \frac{d^2 s}{d\sigma^2} \Big/ \frac{d s}{d\sigma}, \end{aligned}\right. \tag{35}$$

---

[1] EDDINGTON: Monthly Not. Roy. Astron. Soc. **90**, 668 (1930).

[2] EINSTEIN: Ann. Physik **55**, 241 (1918).

[3] WEYL: Raum-Zeit-Materie, 5. Aufl. ROBERTSON: a. a. O. vgl. S. 3, Anm. 3.

wobei gleichzeitig

(36) $$1 = \gamma_{ik}\frac{dx^i}{d\sigma}\frac{dx^k}{d\sigma},$$

(37) $$\left(\frac{ds}{d\sigma}\right)^2 = \left(\frac{dt}{d\sigma}\right)^2 - R^2.$$

Aus (37) und der zweiten Gleichung (35) leitet man her

(38) $$\frac{d^2 s}{d\sigma^2}\Big/\frac{ds}{d\sigma} = \frac{2}{R}\frac{dR}{d\sigma},$$

so daß also gilt

(39) $$\frac{d^2 x^k}{d\sigma^2} + \overset{*}{\Gamma}{}^k_{ij}\frac{dx^i}{d\sigma}\frac{dx^j}{d\sigma} = 0. \qquad (i, j, k = 1, 2, 3)$$

Die Projektion der Geodätischen (34) der Metrik (22) auf den Hilfsraum der Metrik (36) ist in diesem Hilfsraum selbst wieder eine Geodätische. Nach (14) und (15) erhält man für Lichtstrahlen wieder (39); aber an die Stelle von (37) tritt (wegen $ds^2 = 0$) $d\sigma = dt/R$. Die Gleichungen (36) bis (39) sind von der Annahme konstanter Krümmung der Metrik $d\sigma^2$ frei. Im speziellen Falle der konstanten Krümmung und in den projektiven Koordinaten der Metrik (27) lauten die $\overset{*}{\Gamma}{}^k_{ij}$

$$\overset{*}{\Gamma}{}^k_{ij} = -\frac{\varepsilon}{1+\varepsilon r^2}(\delta^k_i x^j + \delta^k_j x^i),$$

so daß (39) die folgende Form annimmt:

(40) $$\frac{d^2 x^k}{d\sigma^2} - \frac{2\varepsilon}{1+\varepsilon r^2}\, r\frac{dr}{d\sigma}\frac{dx^k}{d\sigma} = 0.$$

Man erhält sofort zwei Gruppen von Integralen

(41 a) $$c^k = \frac{1}{1+\varepsilon r^2}\frac{dx^k}{d\sigma}, \qquad (k = 1, 2, 3)$$

(41 b) $$c^{ij} = \frac{1}{1+\varepsilon r^2}\left(\frac{dx^i}{d\sigma}x^j - \frac{dx^j}{d\sigma}x^i\right), \quad (i, j = 1, 2, 3;\ i \neq j)$$

wo c^k und c^{ij} Konstante sind. (41 a) in (41 b) eingesetzt, gibt

(42) $$c^{ij} = c^i x^j - c^j x^i.$$

Die Geodätischen der Metrik (27) sind also — wie zu erwarten war — auch im Falle $\varepsilon \neq 0$ gerade Linien. Die sechs Integrale (41 a, b) sind in den Ableitungen linear: eine direkte Folge der Invarianz von (27) gegenüber der 6parametrigen Bewegungsgruppe (28). Aus (38) folgt

$$\frac{ds}{d\sigma} = \omega R^2; \qquad \omega = \text{const.}$$

Damit ergibt (37)

(43) $$\frac{d\sigma}{dt} = \frac{1}{R\sqrt{1+\omega^2 R^2}}.$$

Da $R(t)$ nach (33) bekannt ist, so kann σ als Funktion von t berechnet werden. Für $\omega = 0$ beschreibt (43) die Fortpflanzung eines Lichtstrahls (etwa eines Wellenkopfes).

Die abgeleitete einfache Gestalt der Bahnkurven freier Partikeln geht sofort verloren, wenn man sie nicht beschreibt in Koordinaten, die im Substrat ruhen. Ein Beobachter, der gewöhnliche, sich nicht mit dem Substrat ausdehnende Koordinaten verwendet, wird die allgemeine Substratströmung der Partikelbewegung überlagert finden und somit ähnliche Bahntypen, wie wir sie durch (I, 47) beschrieben[1].

Es ist prinzipiell nicht schwer, das Studium von statistischen Gesamtheiten freier Partikeln an unsere Integration der Bewegungsgleichungen anzuschließen, solange man gegenseitige Beeinflussungen von Partikeln bei nahen Begegnungen außer acht läßt[2]. Den Einfluß der Begegnungen aber in Rechnung zu stellen durch Übertragung des Wechselwirkungsgliedes der rechten Seite von (I, 48) in die Relativitätstheorie, dürfte sehr schwierig sein. Deshalb kann eine statistische Begründung der relativistischen Thermodynamik zur Zeit nicht gegeben werden. Dagegen hat Tolman[3] die phänomenologische Thermodynamik allgemein kovariant formuliert und auf die relativistische Kosmologie angewandt. Dabei fand er zum ersten Male thermodynamische Systeme, die beliebig rasch verlaufende Zustandsänderungen durchmachen und dabei stets im thermodynamischen Gleichgewicht sind, also konstante Entropie haben. Daß dieses Vorkommnis aber nicht auf den Bereich der relativistischen Thermodynamik beschränkt ist, haben wir in Abschn. 8 gesehen.

16. Die Fortpflanzung des Lichtes.

Das Ziel der folgenden Betrachtungen ist die Ableitung einer Verallgemeinerung des Gesetzes von der quadratischen Abnahme der Lichtenergie mit der Entfernung von einer punktförmig gedachten Lichtquelle. Die Behandlung dieses Problems im Falle der Metrik (22) braucht nicht notwendig die konstante Krümmung der Metrik $d\sigma^2 = \gamma_{ik}\, dx^i dx^k$ vorauszusetzen, ist also weitgehend unabhängig von den Feldgleichungen und ebenso von der schärfsten Fassung des Weltpostulats (Invarianz der Raummetrik gegenüber einer 6parametrigen Gruppe). Um bei der Darstellung dieses für den Vergleich mit der Beobachtung wichtigen Problems keine Unklarheiten zu lassen, wollen wir es zunächst in völlig klassischer Weise anfassen, um dann durch die

---

[1] Verschiedene numerisch durchgerechnete Bahnen bei de Sitter: a. a. O. S. 186ff. (vgl. S. 26, Anm. 1).

[2] Walker: Proc. Edinburgh Math. Soc. (2) **4**, Teil IV, 238 (1936). — Robertson: Kinematics and World-Structure III. Astrophys. J. **83**, 257 (1936).

[3] Tolman: a. a. O., vgl. S. 19, Anm. 1.

Übertragung in die kovariante Formulierung der Relativitätstheorie den Einfluß des metrischen Feldes (22) einzuführen.

Die theoretische Behandlung optischer Phänomene geschieht am vollständigsten in der elektromagnetischen Lichttheorie, die ohne Schwierigkeit in allgemein kovariante Form zu bringen ist, so daß der Einfluß von Gravitationsfeldern auf diese Erscheinungen leicht studiert werden kann im Rahmen der Relativitätstheorie. In der Beobachtung der außergalaktischen Nebel als Repräsentanten von Substratelementen der kosmologischen Theorien kommen aber nur so einfache optische Erscheinungen ins Spiel, daß ein Zurückgreifen auf die elektromagnetische Lichttheorie weithin entbehrlich ist. Vielmehr genügt es, die feinere Struktur des Feldes durch Mittelbildung so zu verwischen, daß gerade energetische Betrachtungen eine besonders einfache Form annehmen, wellenoptische dagegen ausgeschlossen werden.

a) Klassische Strahlungstheorie[1].

In einem euklidischen Raumgebiet, das keine Materie enthält, in welchem also weder Absorption noch Emission von Strahlung stattfindet, gehorcht die vom Orte x^i, der Zeit t, der Richtung α^i $\left(\sum\limits_1^3 (\alpha^i)^2 = 1\right)$ und der Frequenz ν abhängige Strahlungsintensität I der fundamentalen Transportgleichung

$$\frac{1}{c}\frac{\partial I}{\partial t} + \alpha^i \frac{\partial I}{\partial x^i} = 0\,.$$

Wir wollen eine besondere Art von Strahlungsfeld näher betrachten: Es sei nämlich

$$I(x^i, t; \alpha^i) = I_0(x^i, t)$$

in nächster Umgebung $\Delta\omega$ einer bestimmten Richtung α_0^i, die unter Umständen noch vom Orte abhängen darf. Dagegen sei

$$I(x^i, t; \alpha^i) \equiv 0,$$

sobald α^i von α_0^i weiter ab liegt. Kurz: Zu jeder Zeit soll an jeder Stelle nur Licht aus einer Richtung vorhanden sein (die aber orts- und zeitabhängig sein darf). Der Skalar u der Strahlungsdichte, der Vektor $\mathfrak{F}^i$ des Strahlungsimpulses und der Tensor p^{ik} des Impulstransportes durch Strahlung vereinfachen sich dann in folgender Weise

$$u = \frac{1}{c}\int I\,d\omega = \frac{I_0 \Delta\omega}{c}\,; \qquad \mathfrak{F}^i = \frac{1}{c}\int I\alpha^i d\omega = u\,\alpha_0^i\,;$$

$$p^{ik} = \frac{1}{c}\int I\,\alpha^i \alpha^k d\omega = u\,\alpha_0^i \alpha_0^k$$

[1] Darstellung der formalen Seite der Strahlungstheorie bei MILNE: Handb. d. Astrophysik, Bd. III/1, S. 70ff. 1930.

wegen der Ausartung der Integration über die Richtungskugel. Die durch Multiplikation mit 1 und α^i und nachträgliche Richtungsintegration aus der Transportgleichung für I abgeleiteten Gesetze der Erhaltung der Energie und des Impulses der Strahlung nehmen dann die äußerst einfache Form an

$$(*)\qquad \frac{1}{c}\frac{\partial u}{\partial t} + \frac{\partial(u\alpha_0^k)}{\partial x^k} = 0,$$

$$(**)\qquad \frac{1}{c}\frac{\partial \mathfrak{F}^i}{\partial t} + \frac{\partial(u\alpha_0^i\alpha_0^k)}{\partial x^k} = 0.$$

Unter Rücksicht auf die erste läßt sich aus der zweiten Gleichung ableiten

$$\frac{1}{c}\frac{\partial \alpha_0^i}{\partial t} + \alpha_0^k\frac{\partial \alpha_0^i}{\partial x^k} = 0.$$

Andererseits gilt per definitionem für die Lichtfortpflanzung

$$\frac{dx^i}{c\,dt} = \alpha_0^i,$$

deshalb also

$$\frac{d\alpha_0^i}{dt} = \frac{\partial \alpha_0^i}{\partial t} + \frac{dx^k}{dt}\frac{\partial \alpha_0^i}{\partial x^k} = 0.$$

Daraus folgt (was wir schon wußten), daß die α_0^i sich nicht ändern längs der Lichtbewegung: Die Fortpflanzung erfolgt geradlinig. Es genügt also, für Fragen der Energieerhaltung mit (*) zu arbeiten.

Die quadratische Abnahme der Energiedichte der Strahlung in der Umgebung einer punktförmigen Lichtquelle ergibt sich sofort, wenn man setzt

$$u = u(r, t); \qquad \alpha_0^i = \frac{x^i}{r}; \qquad r^2 = (x^1)^2 + (x^2)^2 + (x^3)^2.$$

Denn es kommt

$$\frac{1}{c}\frac{\partial u}{\partial t} + \frac{\partial u}{\partial r} + \frac{2}{r}u = 0 \quad \text{oder} \quad \frac{1}{c}\frac{\partial(r^2 u)}{\partial t} + \frac{\partial(r^2 u)}{\partial r} = 0.$$

Die allgemeinste Lösung lautet

$$u = \frac{f(ct-r)}{r^2}.$$

Da $ct - r = \text{const.}$ die Gleichung der radialen Lichtfortpflanzung ist, so folgt, daß u während der Fortpflanzung umgekehrt proportional zu r^2 abnimmt. $f(ct-r)$ ist die absolute Helligkeit der Lichtquelle im Augenblick der Emission.

b) Strahlung in Gravitationsfeldern.

Es ist offensichtlich, daß wir hier einen der Einfachheit des Problems unangemessenen formalen Aufwand nur getrieben haben, um die hohe Symmetrie der Gleichungen (*) und (**) in einer Tensorgleichung auszudrücken. Wir setzen $x^4 = ct$ und definieren den Vierervektor $n^\mu = \frac{dx^\mu}{dp}$ (p ein Parameter) der „Länge" Null:

$$0 = (n^4)^2 - (n^1)^2 - (n^2)^2 - (n^3)^2.$$

Offenbar ist $n^i = \frac{dx^i}{dp} = \frac{dx^i}{cdt} \cdot \frac{cdt}{dp} = \alpha^i n^4$ (wir lassen den Index 0 an α^i wieder fort). Außerdem definieren wir den Tensor

$$E^{\mu\nu} = u_0 n^\mu n^\nu, \tag{44}$$

oder, auseinandergezogen,

$$E^{ik} = u_0 n^i n^k = u_0 \alpha^i \alpha^k (n^4)^2 = u \alpha^i \alpha^k,$$

$$E^{i4} = u_0 n^i n^4 = u_0 (n^4)^2 \alpha^i = u \alpha^i,$$

$$E^{44} = u_0 (n^4)^2 = u,$$

wobei

$$u = u_0 (n^4)^2 \tag{45}$$

die gewöhnliche Energiedichte ist. Nun nehmen die Gleichungen (*) und (**) die einfache, gegenüber LORENTZ-Transformationen invariante Form an:

$$\frac{\partial E^{\mu\nu}}{\partial x^\nu} = 0.$$

Schreibt man hier statt der gewöhnlichen die kovariante Ableitung [Gleichung (9)], so hat man in

$$\frac{1}{\sqrt{-g}} \frac{\partial(\sqrt{-g}\, E^{\mu\nu})}{\partial x^\nu} + \Gamma^\mu_{\alpha\beta} E^{\alpha\beta} = E^{\mu\nu}_{(\nu)} = 0 \tag{46}$$

eine gegenüber *beliebigen* Koordinatentransformationen invariante Formulierung von Energie- und Impulserhaltung in einem Strahlungsfelde der besonderen von uns betrachteten Art.

$E^{\mu\nu}_{(\nu)} = 0$ enthält schon unter klassischen Gesichtspunkten den Einfluß beliebiger Trägheitsfelder. Darüber hinaus aber enthält das Gesetz — so postuliert die Relativitätstheorie — auch den Einfluß von allgemeineren metrischen Feldern (Gravitationsfeldern) auf die Fortpflanzung von Strahlungsenergie, auch wenn das metrische Feld nichteuklidische Struktur hat. n^μ ist dann irgendein die Fortpflanzung von Strahlung ausdrückender Nullvektor, erfüllt also die Bedingung

$$g_{\mu\nu} n^\mu n^\nu = n^\mu n_\mu = 0, \tag{47}$$

und es ist

$$\frac{dx^\mu}{dp} = n^\mu,$$

wo p ein Parameter ist, der in n^μ nicht explizit vorkommt.

c) Strahlung im metrischen Felde der Kosmologie[1].

Wir nehmen an, das metrische Feld habe die Form

$$(22)\quad ds^2 = dt^2 - R^2(t)d\sigma^2;\quad d\sigma^2 = \gamma_{ik}\,dx^i\,dx^k;\quad \sqrt{-g} = R^3\sqrt{\gamma};\quad \gamma = |\gamma_{ik}|$$

und setzen die konstante Krümmung von $d\sigma^2$ vorerst nicht voraus. Indem wir in (46) statt u_0 wieder u, statt n^u also wieder $\alpha^i = \frac{dx^i}{dt}$ einführen [wegen der speziellen in (22) benutzten Koordinaten] erhalten wir für $\mu = 4$ mit Rücksicht auf $\gamma_{ik}\alpha^i\alpha^k = R^{-2}$

$$(49)\qquad \frac{\partial(R^3\sqrt{\gamma}\,u\,\alpha^k)}{\partial x^k} + \frac{\partial(R^3\sqrt{\gamma}\,u)}{\partial t} + \dot{R}R^2\sqrt{\gamma}\,u = 0\,.$$

Für $\mu = i = 1, 2, 3$ dagegen kommt mit $\frac{d\alpha^i}{dt} = \frac{\partial\alpha^i}{\partial t} + \alpha^k\frac{\partial\alpha^i}{\partial x^k}$

$$(50)\qquad \left\{\begin{aligned} &\frac{\alpha^i}{R^3\sqrt{\gamma}}\left[\frac{\partial(R^3\sqrt{\gamma}\,u\,\alpha^k)}{\partial x^k} + \frac{\partial(R^3\sqrt{\gamma}\,u)}{\partial t} + \dot{R}R^2\sqrt{\gamma}\,u\right] \\ &\qquad + u\left[\frac{d\alpha^i}{dt} + \overset{*}{\Gamma}{}^i_{jk}\alpha^j\alpha^k + \frac{\dot{R}}{R}\alpha^i\right] = 0\,. \end{aligned}\right.$$

Da in (50) die erste Klammer wegen (49) verschwindet, bleibt übrig

$$(51)\qquad \frac{d\alpha^i}{dt} + \overset{*}{\Gamma}{}^i_{jk}\alpha^j\alpha^k + \frac{\dot{R}}{R}\alpha^i = 0\,.$$

(51) ist die Differentialgleichung der geodätischen Nullinien des Lichtes und verwandelt sich sofort in (39), die Differentialgleichung der Geodätischen im Hilfsraum $d\sigma^2$, wenn man mittels $d\sigma = dt/R$ die Bogenlänge σ im Hilfsraum an Stelle von t als Parameter einführt. Man sieht also, daß (49) mit (*), (50) mit (**) auf einer Stufe steht. (49) sagt die Erhaltung der Strahlungsenergie aus. Integriert man die ganze Gleichung über ein im Koordinatensystem der x^i festes Volumen, so enthält sie folgende Bilanz: Die zeitliche Abnahme der im Innern des Volumens enthaltenen Gesamtstrahlungsenergie (2. Term) kommt zustande durch den Fluß von Energie durch die Oberfläche (1. Term, Verwandlung des Raumintegrals in ein Oberflächenintegral!) und eine Wechselwirkung zwischen metrischem Feld und Strahlungsfeld (3. Term), die man als „Arbeitsleistung" der Strahlung bei der Ausdehnung bezeichnen kann, und die verschwindet, wenn R zeitlich konstant ist. Man kann der Gleichung (49) eine andere Wendung geben: Multipliziert man sie mit R und faßt die beiden letzten Terme zusammen, so kommt

$$(49\,\mathrm{a})\qquad \frac{\partial(R^4\sqrt{\gamma}\,u\,\alpha^k)}{\partial x^k} + \frac{\partial(R^4\sqrt{\gamma}\,u)}{\partial t} = 0\,.$$

---

[1] Die Darstellung ist eine nur leichte Verallgemeinerung derjenigen von ROBERTSON [Z. Astrophys. **15**, 69 (1938)], die einige Irrtümer der Literatur verbessert.

Integration über ein im Koordinatensystem der x^i festes Volumen liefert mit der Bezeichnung

$$W = \iiint R^3 \sqrt{\gamma}\, u\, dx^1\, dx^2\, dx^3$$

für die gesamte Strahlungsenergie im Integrationsgebiet das Ergebnis, daß die zeitliche Abnahme des Produkts RW allein auf Kosten des Abflusses dieser Größe durch die Oberfläche zu setzen ist. Für die Größe RW gilt also ein „gewöhnlicher“ Erhaltungssatz, nicht aber für die Gesamtenergie selbst.

Wir können im Raume $d\sigma^2 = \gamma_{ik}\, dx^i dx^k$, ohne über seine metrische Struktur etwas vorauszusetzen, stets ein Koordinatensystem $\bar{x}^i$ einführen, für welches $\bar{\gamma}_{11} = 1$; $\bar{\gamma}_{12} = \bar{\gamma}_{13} = 0$ wird [vgl. die Herleitung von (16)]. Wir schreiben der Durchsichtigkeit halber $\bar{x}^1 = \chi$ und lassen die übrigen Querstriche wieder fort:

$$(52)\quad \begin{cases} d\sigma^2 = d\chi^2 + \gamma_{ab}\, dx^a\, dx^b; \quad \gamma_{ab} = \gamma_{ab}(\chi, x^2, x^3); \quad \gamma = |\gamma_{ab}|; \\ (a, b = 2, 3). \end{cases}$$

Dem Wesen dieses Koordinatensystems entsprechend sind die Kurven $x^2, x^3 = \text{const.}$ Raumgeodätische, längs deren die Bogenlänge $\sigma = \chi$ wird. In dem neuen Koordinatensystem betrachten wir ein Lichtfeld, dessen Strahlen alle auf den geodätisch-parallelen Flächen $\chi = \text{const.}$ senkrecht stehen, also der Bedingung $x^2 = \text{const.}$, $x^3 = \text{const.}$ genügen. Für dieses Feld ist

$$(53)\qquad \alpha^1 = \frac{d\chi}{dt} = \frac{1}{R(t)}; \qquad \alpha^2 = \alpha^3 = 0,$$

so daß (49a) nach Einführung der neuen Zeitvariablen

$$(54)\qquad \tau = \int_0^t \frac{dt}{R(t)}$$

lautet

$$(55)\qquad \frac{\partial(R^4\sqrt{\gamma}\, u)}{\partial\chi} + \frac{\partial(R^4\sqrt{\gamma}\, u)}{\partial\tau} = 0.$$

Somit ist

$$(56)\qquad R^4\sqrt{\gamma}\, u = F(\tau - \chi, x^2, x^3)$$

eine beliebige Funktion der Differenz $\tau - \chi$. Aus (53) und (54) folgt aber, daß längs der Lichtbewegung nicht allein $x^2 = \text{const.}$, $x^3 = \text{const.}$, sondern auch $d\tau - d\chi = 0$, also

$$(57)\qquad \tau - \chi = \text{const.}$$

ist. Die vorerst formal eingeführte Zeit τ hat also die anschauliche Bedeutung des Lichtweges längs der Geodätischen $x^2 = \text{const.}$,

$x^3 = \text{const.}$ im Hilfsraum (52)[1]. Nach (56) und (57) ist folglich der Ausdruck

$$(58)\qquad R^4(\tau)\sqrt{\gamma(\chi, x^2, x^3)}\, u(\tau, \chi, x^2, x^3) = \text{const.}$$

längs der Lichtbewegung in unserem Strahlenfeld. Aus (58) kann man für das spezielle Lichtfeld noch einmal eine nunmehr fast triviale und mit (49a) gleichwertige Abwandlung des Energiesatzes entnehmen: Die Gesamtenergie einer Lichtwelle ändert sich umgekehrt proportional zu R während der Fortpflanzung. Die Größe

$$(59)\qquad R^2\sqrt{\gamma}\, u$$

hat die Bedeutung der Energie, die pro Zeiteinheit (in t) durch den bei festem χ stehenden Querschnitt der Raumwinkeleinheit fließt. Um aus (58) die weiteren Folgerungen für die Strahlung von Nebeln zu ziehen, müssen wir die Voraussetzung formulieren, daß die Lichtstrahlen $x^2, x^3 = \text{const.}$ alle von einem Punkte $\chi = 0$ ausgehen. Dann muß das in (52) benutzte Koordinatensystem so beschaffen sein, daß die Kurven $x^2 = \text{const.}$, $x^3 = \text{const.}$ sich alle in einem Punkte schneiden. Dazu ist notwendig und hinreichend, daß $\gamma_{ab}(\chi, x^2, x^3) \to 0$ geht, wenn $\chi \to 0$ $(a, b = 2, 3)$, welches auch die Werte von x^2 und x^3 sein mögen. Diese Eigenschaft der γ_{ab} bedeutet keine Einschränkung der Allgemeinheit, weil immer folgende Konstruktion möglich ist[2]: Man zieht alle Raumgeodätischen (Lichtstrahlen) durch den als Sitz des Nebels gedachten Punkt. Auf diesen Raumgeodätischen trägt man die Länge χ ab und konstruiert die Flächen $\chi = \text{const.}$; diese sind geodätisch-

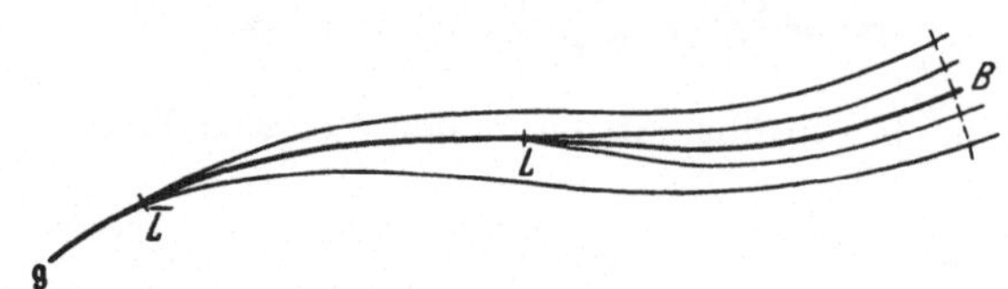

Abb. 7. Zur Abhängigkeit der scheinbaren Helligkeit einer Lichtquelle von ihrer Stellung auf der Raumgeodätischen, die sie mit dem Beobachter verbindet (siehe Text).

parallel und stehen auf den Lichtstrahlen senkrecht, so daß keine Glieder $d\chi\, dx^2$ oder $d\chi\, dx^3$ in $d\sigma^2$ auftauchen können. Wenn $\chi \to 0$, so auch $\sqrt{\gamma} = \sqrt{|\gamma_{ab}|} \to 0$. Aus (58) folgt also, daß die Strahlungsdichte u für $\chi \to 0$, d. h. in nächster Nähe der Lichtquelle, derart unendlich wird, daß das Produkt $\sqrt{\gamma}\, u$ endlich bleibt.

Nun fragen wir, wie die scheinbare Helligkeit einer Lichtquelle abhängt von ihrer Stellung auf der Raumgeodätischen, die Beobachter

[1] Man vgl. Gleichung (43) für $\omega = 0$.

[2] Die Konstruktion läuft im wesentlichen auf die Konstruktion sog. RIEMANNscher Normalkoordinaten hinaus. Vgl. PAULI: Encykl. d. Math. Wiss. **5**, 2, 19, Nr. 17 (1921).

und Lichtquelle verbindet. Der klareren Vorstellung wegen denken wir uns zwei Lichtquellen (Nebel) L und $\bar{L}$ an verschiedenen Stellen auf einer und derselben Raumgeodätischen $\mathfrak{g}$ liegend (Abb. 7).

Wir führen auch zwei Koordinatensysteme (χ, x^2, x^3) und $(\bar{\chi}, \bar{x}^2, \bar{x}^3)$ der eben geschilderten Art ein mit den Zentren in L und $\bar{L}$. B, L und L mögen im Weltsubstrat unveränderliche Lage haben. Die „radialen" Koordinaten von B relativ zu L und $\bar{L}$ seien χ_B und $\bar{\chi}_B$.

Zur Zeit t_1 (bzw. τ_1) emittiere L einen Lichtimpuls in Richtung nach B. Er hat die Gleichung $\tau - \chi = \tau_1$. Zur Zeit $\bar{t}_1$ (bzw. $\bar{\tau}_1$) emittiere $\bar{L}$ einen analogen Lichtimpuls $\tau - \bar{\chi} = \bar{\tau}_1$. Beide mögen zur gleichen Zeit t_2 (bzw. τ_2) beim Beobachter B ankommen. Beim ersten Lichtimpuls ist

$$R^4(\tau)\sqrt{\gamma(\chi, x^2, x^3)}\,u(\tau, \chi, x^2, x^3) = F(\tau - \chi, x^2, x^3);$$

insbesondere ist nach (59)

$$R^2(\tau)\sqrt{\gamma(\chi, x^2, x^3)}\,u(\tau, \chi, x^2, x^3) = \frac{F(\tau - \chi, x^2, x^3)}{R^2(\tau)}$$

die Energie, die in der Zeiteinheit durch den Querschnitt an der Stelle χ des Einheits-Raumwinkels der Richtung x^2, x^3 hindurchtritt. Verfolgen wir den Impuls bis zu seinem Ursprung, lassen also $\chi \to 0$ gehen, so geht $\tau \to \tau_1$. Der Bündelquerschnitt steht dann unmittelbar bei der Lichtquelle, empfängt also die in der Richtung x^2, x^3 gerade emittierte Strahlungsenergie. Also ist

$$\frac{F(\tau_1, x^2, x^3)}{R^2(\tau_1)} = H(\tau_1, x^2, x^3) \tag{60}$$

die *absolute* Helligkeit von L in der Richtung x^2, x^3. Für den ersten Impuls ist nach (57), (58) $F(\tau - \chi, x^2, x^3) = F(\tau_1, x^2, x^3)$. Man kann deshalb mit Hilfe der letzten Beziehung die Integrationskonstante F durch H und R ersetzen, so daß für den *Empfang* des ersten Impulses in B gilt

$$R^4(\tau_2)\sqrt{\gamma(\chi_B, x^2, x^3)}\,u(\tau_2, \chi_B, x^2, x^3) = H(\tau_1, x^2, x^3)\,R^2(\tau_1). \tag{61}$$

Die analoge Überlegung liefert für den zweiten (von $\bar{L}$ ausgehenden) Impuls mit der Abkürzung

$$\bar{H}(\bar{\tau}_1, \bar{x}^2, \bar{x}^3) = \frac{\bar{F}(\bar{\tau}_1, \bar{x}^2, \bar{x}^3)}{R^2(\bar{\tau}_1)}$$

offenbar

$$R^4(\tau_2)\sqrt{\bar{\gamma}(\bar{\chi}_B, \bar{x}^2, \bar{x}^3)}\,\bar{u}(\tau_2, \bar{\chi}_B, \bar{x}^2, \bar{x}^3) = \bar{H}(\bar{\tau}_1, \bar{x}^2, \bar{x}^3)\,R^2(\bar{\tau}_1).$$

Das Verhältnis der *scheinbaren, gleichzeitig beobachteten* Helligkeiten ist das Verhältnis der beiden Energiedichten u und $\bar{u}$

$$\frac{u(\tau_2, \chi_B, x^2, x^3)}{\bar{u}(\tau_2, \bar{\chi}_B, \bar{x}^2, \bar{x}^3)} = \frac{H(\tau_1, x^2, x^3)}{\bar{H}(\bar{\tau}_1, \bar{x}^2, \bar{x}^3)} \cdot \frac{\sqrt{\bar{\gamma}(\bar{\chi}_B, \bar{x}^2, \bar{x}^3)}}{\sqrt{\gamma(\chi_B, x^2, x^3)}} \cdot \frac{R^2(\tau_1)}{R^2(\bar{\tau}_1)}. \tag{62}$$

χ_B und $\bar{\chi}_B$ bedeuten den gleichen Punkt auf $\mathfrak{g}$; x^2, x^3 und $\bar{x}^2$, $\bar{x}^3$ die gleiche durch $\mathfrak{g}$ festgelegte Richtung; nur sind beide Male verschiedene Koordinatensysteme benutzt. Außer dem selbstverständlichen Verhältnis $H : \bar{H}$ tritt im zweiten Faktor das Verhältnis der Flächen auf, über die sich das von L und $\bar{L}$ ausgesandte Licht bei B verbreitet hat. Der dritte Faktor ist allein verursacht durch den in der Funktion $R(t)$ zum Ausdruck kommenden nichtstatischen Charakter des unterlegten kosmologischen Modells (22).

Wenn die Welt in der Umgebung von L die gleiche Beschaffenheit hat wie in der von $\bar{L}$, wo beide auch liegen mögen, wenn also das Weltpostulat in seiner scharfen Form gilt, oder wenn die Feldgleichungen der Gravitation auf (22) angewandt werden, dann haben wir Metrik konstanter Krümmung. Den von uns gewählten Koordinaten entspricht dabei die Form (27b) des Linienelementes mit $x^2 = \theta$, $x^3 = \varphi$, $\sqrt{\gamma} = S^2(\chi)\sin\theta$; $\sqrt{\bar{\gamma}} = S^2(\bar{\chi})\sin\theta$. Ist dazu noch die Ausstrahlung von der Richtung unabhängig, so folgt

$$\frac{u(t_2, \chi_B)}{\bar{u}(t_2, \bar{\chi}_B)} = \frac{H(t_1)}{\bar{H}(\bar{t}_1)} \cdot \frac{S^2(\bar{\chi}_B)}{S^2(\chi_B)} \cdot \frac{R^2(t_1)}{R^2(\bar{t}_1)}, \tag{63}$$

woraus im Falle euklidischer Raumstruktur $[S^2(\chi) = \chi^2]$ — abgesehen vom dritten Faktor — die quadratische Abnahme von u mit der Entfernung folgt. Hätten wir statt (27b) die Koordinaten (27a) für die räumliche Krümmung gewählt, so hätten wir erhalten $S(\chi) = r$; $S(\bar{\chi}) = \bar{r}$, also die quadratische Abnahme der scheinbaren Helligkeit mit der „Entfernung" auch in den nichteuklidischen Fällen $\varepsilon = \pm 1$. Die Koordinate r steht [nach Multiplikation mit $R(t_2)$] der HUBBLEschen „Entfernung" näher als die Koordinate χ. Wir haben übrigens in (63) wieder t statt τ geschrieben, da es sich nur um die Bezeichnung der Zeitpunkte handelt, bei welchen die skalaren Funktionen u, H, R zu nehmen sind. Die funktionelle Abhängigkeit ist für t und τ natürlich verschieden.

Der letzte von den Emissionszeiten abhängige Faktor läßt sich durch beobachtbare Größen ausdrücken. Betrachten wir die von L ausgehenden Impulse, so gehorchen sie dem Gesetz $d\chi/dt = 1/R$. Der zur Zeit t_1 der Emission von L bis zur Zeit t_2 des Empfangs bei B vom Lichte zurückgelegte Koordinatenbetrag χ ist

$$\chi_B = \int_{t_1}^{t_2} \frac{dt}{R}.$$

Für jeden anderen von L zu irgendeiner Zeit ausgehenden Lichtimpuls hat das Integral denselben Wert χ_B. Insbesondere gilt also für einen um das kleine Zeitintervall Δt_1 später abgehenden und um Δt_2 später ankommenden Impuls das gleiche in den Grenzen $t_1 + \Delta t_1$ bis $t_2 + \Delta t_2$.

Also folgt zunächst

$$\int_{t_1}^{t_1+\Delta t_1} \frac{dt}{R} = \int_{t_2}^{t_2+\Delta t_2} \frac{dt}{R}.$$

Sind Δt_1 und Δt_2 so klein, daß die Veränderlichkeit von R während dieser Zeitspannen nicht ins Spiel kommt — d. h. solange man sich also der Singularität des Integrals bei $R = 0$ nicht zu sehr nähert; dort würde (64) zu modifizieren sein —, so folgt einfach

$$\frac{\Delta t_2}{\Delta t_1} = \frac{R(t_2)}{R(t_1)} = \frac{\nu_1}{\nu_2}, \tag{64}$$

wo ν_1 die Frequenz des ausgesandten und ν_2 die des empfangenen Lichtes bedeutet. Die Frequenz ν_1 zur Zeit $\bar{t}_1$ des von $\bar{L}$ ausgehenden Lichtes verhält sich zur Frequenz $\bar{\nu}_2$ bei Empfang wie $\nu_1 : \bar{\nu}_2 = R(t_2) : R(\bar{t}_1)$. Also kommt

$$\frac{\nu_2}{\bar{\nu}_2} = \frac{R(t_1)}{R(\bar{t}_1)}. \tag{65}$$

Die zur Herleitung von (65) benutzte Betrachtung ist völlig analog der zur (I, 58) führenden. Doch ist eine strengere wellenoptische Begründung von (64) möglich[1]; ihre Wiedergabe erfordert aber ein Heranziehen der elektromagnetischen Lichttheorie. Andererseits kann man (62) oder (63) so begründen, wie es bei (I, 60) geschah. Wir haben die verhältnismäßig elementare Ableitung aus dem Strahlungstensor als die strengere vorgezogen.

17. Vergleich von Theorie und Beobachtung[2].

a) Einleitung.

Die vorgetragene Theorie, sowohl in ihrer klassischen wie in ihrer relativistischen Gestalt, erlaubt uns folgende allgemeine Feststellungen: Betrachtet man die Gesamtheit der den (endlichen oder unendlichen) Raum erfüllenden Materie als ein abgeschlossenes mechanisches System, so ist es nur unter erkünstelten Annahmen möglich, die Materieverteilung als statisch zu verstehen, während Kontraktionen, Expansionen und Strömungen von vornherein zu erwartende Phänomene sind. Nimmt man das Homogenitätspostulat an, so erhält die Expansion den entsprechend gleichförmigen Charakter, und man wird zu Modellen geführt mit vollkommen übersehbaren Eigenschaften — wie wir gezeigt haben.

---

[1] Laue: Berliner Ber. **1931**, 123.

[2] Vgl. zu diesem Abschnitt außer dem S. 3, Anm. 2 zitierten Buche von Hubble ganz besonders das neuere des gleichen Verfassers „The observational approach to cosmology", Oxford 1937, das eine Fortsetzung des vorigen bildet.

Auf seiten der erfahrbaren Wirklichkeit dagegen ist die Homogenität, losgelöst von aller Theorie, nur in beschränktem Umfange *direkt* prüfbar[1], so daß Unstimmigkeiten zwischen Theorie und Beobachtung teilweise auf nicht direkt sichtbare Inhomogenitäten zurückführbar sind, auch dann noch, wenn in den direkt überschaubaren Gebieten unserer Umgebung Homogenität zu herrschen scheint. Solche Unstimmigkeiten beweisen dann nicht notwendig die Unhaltbarkeit der theoretischen Grundanschaungen, sondern vielleicht nur die zu spezielle Gestalt der homogenen Modelle. Zur Zeit bleibt auf jeden Fall die Frage zu beantworten, ob die homogenen Modelle schon zur Darstellung der Beobachtungen ausreichen, ob man also eventuelle Diskrepanzen noch in Fehlern der Beobachtungen suchen darf. Oft wird der Standpunkt eingenommen, daß es auf eine Prüfung ankomme zwischen der Annahme einer realen Expansion und einer scheinbaren, durch eine unbekannte Ursache der Rotverschiebung vorgetäuschten. Dann stellt man aber zwei Möglichkeiten schroff gegeneinander, die reibungslos nebeneinander bestehen können, stellt also ein Scheinproblem.

Für den Vergleich von Theorie und Beobachtung hat man möglichst ferne Nebel zu benutzen. Die in Betracht kommenden Daten sind

1. die scheinbaren Helligkeiten h oder die in der Astronomie gebräuchlichen scheinbaren Größen $m = -2{,}5 \log h$ ($\log$ = Logarithmus zur Basis 10);

2. die Anzahlen $N(m)$ pro Quadratgrad der Sphäre aller jener Nebel, die heller sind als die scheinbare Größe m;

3. die Rotverschiebung $z = d\lambda/\lambda$ in den Nebelspektren.

Die Beobachtungen haben die Funktionen $N(m)$ (bis zur 21. Größe) und $z(m)$ (bis zur 18. Größe) kennen gelehrt. Also liegt es nahe, aus der Theorie ebenfalls Relationen $N(m)$ und $z(m)$ herzuleiten und festzustellen, ob diese sich zwanglos durch geeignete Wahl der freien Parameter in Übereinstimmung mit den empirisch gefundenen Funktionen bringen lassen. Vielleicht lassen sich künftig auch scheinbare Durchmesser verwenden neben den scheinbaren Helligkeiten[2]. Doch sind sie zur Zeit bei schwachen Nebeln noch nicht genau genug zu bestimmen.

In der Literatur ist mehrfach auch der Einfluß der Streuung der absoluten Leuchtkräfte der Nebel berücksichtigt[3]; wir wollen um des Grundsätzlichen willen auf ihn nicht eingehen, da er nicht sehr wichtig ist und leicht in nachträglichen Korrekturen berücksichtigt werden kann.

[1] Eine besondere Schwierigkeit ist die zweifelsfreie Trennung wahrer Inhomogenitäten von scheinbaren, durch galaktische Absorption hervorgerufenen. Im übrigen vgl. Mowbray: Publ. Astron. Soc. Pacific **50**, 275 (1938).

[2] McCrea: Z. Astrophys. **9**, 290 (1935).

[3] Hubble u. Tolman: Astrophys. J. **82**, 302 (1935). — Eddington: Monthly Not. Roy. Astron. Soc. **97**, 156 (1937). — Hubble: Monthly Not. Roy. Astron. Soc. **97**, 506 (1937). — Spitzer: Observatory **61**, 104 (1938).

b) Die den Zusammenhang von Theorie und Erfahrung herstellenden Formeln.

Wir beginnen damit, die später in verschiedenen Abwandlungen benutzten Gleichungen zusammenzustellen, die den Vergleich von Theorie und Beobachtung ermöglichen.

Es ist zweckmäßig, die radiale Koordinate χ in (52) mit der Laufzeit $T = t_2 - t_1$ eines Lichtsignals zu verknüpfen, das im Augenblick t_1 emittiert wird und nach Durchlaufung des „Bogens" χ im Augenblick t_2 den Beobachter erreicht. Nach (53) ist

$$\chi(T) = \int_{t_2 - T}^{t_2} \frac{dt}{R(t)}. \tag{66a}$$

Die Funktion $R(t)$ gehorcht dabei der Differentialgleichung

$$\dot{R}^2 = \frac{\varkappa \mathfrak{M}}{4\pi R} + \frac{\Lambda}{3} R^2 - \varepsilon. \tag{33}$$

Um in einem bestimmten Fall (66a) auszuwerten, ist es aber nicht immer notwendig, (33) zu integrieren. Oft genügt es, in (66a) R als unabhängige Variable einzuführen

$$\chi(R_1) = \int_{R_1}^{R_2} \frac{dR}{R\dot{R}}, \tag{66b}$$

wo $\dot{R}$ aus (33) einzusetzen ist und $R_1 = R(t_1)$ für den Augenblick der Emission gilt, also von Nebel zu Nebel veränderlich ist, während $R_2 = R(t_2)$ für den Augenblick der Beobachtung gilt und festzuhalten ist.

Nach (27a) und (27b) besteht zwischen χ und der „Entfernung" r die Beziehung

$$r = S(\chi) = \begin{cases} \mathfrak{Sin}\,\chi & \text{wenn} \quad \varepsilon = -1, \\ \chi & \text{,,} \quad \varepsilon = \ \ 0, \\ \sin\chi & \text{,,} \quad \varepsilon = +1. \end{cases} \tag{67}$$

Die Rotverschiebung z steht nach (64) mit R in der Beziehung

$$z = \frac{d\lambda}{\lambda} = \frac{R(t_2)}{R(t_2 - T)} - 1 = \frac{R_2}{R_1} - 1. \tag{68}$$

Die Beziehung zwischen der der Energiedichte u proportionalen scheinbaren Helligkeit h, der radialen Koordinate und der Rotverschiebung wird durch (61) und (64) hergestellt:

$$h = \frac{H}{R_2^2 S^2(\chi)(1+z)^2} = \frac{H}{R_2^2 r^2 (1+z)^2}. \tag{69a}$$

Der physikalische Gehalt dieser Gleichung ist in den Abschn. 9 und 16 ausführlich auseinandergesetzt worden. H ist die absolute Helligkeit der Lichtquelle im Augenblick der Emission. Es werde angenommen, daß H für alle Nebel, die wir betrachten, den gleichen Wert habe, obwohl wir entferntere Nebel in früheren Stadien sehen. Diese Annahme ist außerordentlich weittragend, weil die weitesten Nebel, auf welche wir die Theorie anwenden wollen, „Entfernungen“ von nahe $5 \cdot 10^8$ Lichtjahren haben (vgl. Tabelle 2 S. 67). Schon dann, wenn in Zeiträumen von $5 \cdot 10^8$ Jahren die Änderung in den absoluten Helligkeiten der Nebel bei 20% liegt, ist der Einfluß auf die kosmologischen Folgerungen aus den Beobachtungen nicht mehr zu vernachlässigen. (Vgl. S. 74f., wo ein Skalenfehler der scheinbaren Größen von diesem Betrag behandelt wird.)

Für kleine Entfernungen ist z klein. Dann ist $S(\chi) R_2$ mit der gewöhnlichen „photometrischen Entfernung“ der Astronomie identisch. Tatsächlich ist die durch

$$h = \frac{H}{D^2}; \qquad D = R_2 S(\chi)(1+z) \tag{69b}$$

definierte „photometrische Distanz“ D im weiteren wichtig, wenn sie auch eine reine Hilfsgröße darstellt.

Da wir die außergalaktischen Nebel als typische Vertreter des Weltsubstrats ansehen und die Streuung der absoluten Größen vernachlässigen, so ist die Anzahl $N(h)$ pro Quadratgrad der Nebel bis zur scheinbaren Helligkeit h proportional dem Volumen des räumlichen Winkels von der Öffnung 1 Quadratgrad und der Höhe χ, die bis zu jener Ferne reicht, in der ein Nebel gerade die Grenzhelligkeit h hat.

Ist n die Nebelzahl pro Volumeneinheit, $Q = 41254$ die Zahl der Quadratgrade auf der Sphäre, so ist

$$\tag{70} \left\{ \begin{aligned} N &= \frac{4\pi n}{Q} R_2^3 \int_0^\chi S^2(\chi)\, d\chi; \\ \int_0^\chi S^2(\chi)\, d\chi &= \begin{cases} \tfrac{1}{2}(\mathfrak{Sin}\,\chi\, \mathfrak{Cof}\,\chi - \chi) & \text{wenn } \varepsilon = -1, \\ \tfrac{1}{3}\chi^3 & \quad ,, \quad \varepsilon = 0, \\ \tfrac{1}{2}(\chi - \sin\chi \cos\chi) & \quad ,, \quad \varepsilon = +1. \end{cases} \end{aligned} \right.$$

Mit den angegebenen Formeln ist man in den Stand gesetzt, bei gegebenen Parametern $\mathfrak{M}, \Lambda, \varepsilon$ in (33) und gegebenem Zeitpunkt t_2 der Beobachtung — wie er zu erhalten ist, werden wir weiter unten bald sehen — z und N in Abhängigkeit von h bzw. von $m = -2{,}5 \log h$ zu berechnen. Für eine Reihe von vorgegebenen Werten T berechnet man aus (66a) χ und aus (68) z und setzt in (69a) und (70) ein. N ist dann bis auf den Proportionalitätsfaktor n festgelegt.

c) Reihenentwicklungen.

Aus den Formeln (66) bis (70) lassen sich die Funktionen $z(m)$ und $N(m)$ nicht explizite, sondern in Form von Reihenentwicklungen gewinnen. Wenn es auch möglich wäre, ganz allgemein die Konvergenz dieser Reihen nachzuweisen, so ist doch leider das Gesetz der Reihenkoeffizienten so undurchsichtig, daß die Hoffnung, man könne mit wenigen Gliedern bei den Entwicklungen auskommen, bisher nicht begründet ist. Vergleicht man die durch Abbruch der Reihen gewonnenen Näherungsformeln mit der Erfahrung, so besteht nämlich ein wichtiges Bedenken: Durch eine Ausgleichung nach der Methode der kleinsten Quadrate werden die ersten Glieder einfach zur interpolatorischen Darstellung der mit zufälligen Fehlern behafteten Beobachtungen benutzt. Dann ist es aber kaum möglich, zwei Terme verschiedener Ordnung der Entwicklungen in ihren wahren Werten durch Ausgleichung zu erhalten, wenn etwa beide Terme von vornherein gleich gut die Interpolation leisten; denn dann werden die beiden Terme durch die Beobachtungsfehler statistisch gekoppelt. Wenn also auch die ersten Glieder einer Entwicklung mit hohem Gewicht und kleinen mittleren Fehlern herauskommen, so sind ihre wahren Werte damit nicht verbürgt, weil die höheren Glieder alle formal zu Null angenommen wurden. Eine neue Ausgleichung unter Mitnahme auch nur eines weiteren Gliedes kann das eine oder andere der vorhergehenden stark verändern, wobei das Gewicht der gekoppelten Glieder stark abnimmt[1].

Zunächst erhält man aus (66a) und (67) leicht $r = S(\chi)$ als Potenzreihe in T und ebenso aus (68) $z(T)$. Kehrt man die eine Reihe um und setzt in die andere ein, so gewinnt man

$$z = \dot{R} r - (\ddot{R} R - \dot{R}^2)\frac{r^2}{2!} + (\varepsilon \dot{R} + \dot{R}^3 - 2\ddot{R}\dot{R}R + \dddot{R}R^2)\frac{r^3}{3!} + \cdots$$

und

$$r = \frac{1}{\dot{R}} z + \frac{1}{\dot{R}^3}(\ddot{R}R - \dot{R}^2)\frac{z^2}{2!} +$$
$$+ \frac{1}{\dot{R}^5}(2\dot{R}^4 - \varepsilon \dot{R}^2 + 3\ddot{R}^2 R^2 - 4\ddot{R}\dot{R}^2 R - \dddot{R}\dot{R}R^2)\frac{z^3}{3!} + \cdots.$$

Hier und im weiteren sind die Größen $R, \dot{R}, \ddot{R} \ldots$ alle an der Stelle t_2 zu nehmen. Logarithmiert man jetzt (69a) und führt ein die scheinbare Größe $m = -2{,}5 \log h$ und die absolute Größe $M = -2{,}5 \log H$ (d. i. die scheinbare Größe für die „Entfernung" $D = 1$), so kommt zunächst

$$0{,}2\, m = 0{,}2\, M + \log R + \log r(1 + z).$$

Drückt man hier r vermittels der zweiten Reihe durch z aus, so gewinnt man

$$(71)\quad \begin{cases} \log z = 0{,}2(m - \Delta m_z) - 0{,}2 M + \log \dfrac{\dot{R}}{R}, \\ \Delta m_z = 1{,}086\left[\left(1 + \dfrac{\ddot{R}R}{\dot{R}^2}\right) z \right. \\ \qquad \left. - \dfrac{1}{12\dot{R}^4}\left(7\dot{R}^4 + 4\varepsilon \dot{R}^2 + 10\ddot{R}\dot{R}^2 R - 9\ddot{R}^2 R^2 + 4\dddot{R}\dot{R}R^2\right) z^2 + \cdots\right]. \end{cases}$$

[1] Zur Kritik der Reihenentwicklungen vgl. McVittie: Observatory **61**, 209 (1938), wo auch auf weitere Arbeiten des Autors verwiesen ist.

Aus (70) erhält man unter Benutzung von (67)

$$N = \frac{4\pi n}{3Q} R^3 r^3 \left(1 + \frac{3}{10} \varepsilon r^2 + \cdots\right).$$

Drückt man hier mittels (69a) den Faktor $R^3 r^3$ vor der Klammer durch h und z aus,

$$R^3 r^3 = H^{\frac{3}{2}} h^{-\frac{3}{2}} (1 + z)^{-3},$$

logarithmiert und ersetzt in dem Term $\frac{3}{10} \varepsilon r^2$ der Klammer die Größe r durch das erste Glied der Entwicklung $r = z/\dot{R} + \cdots$, so liefert Reihenentwicklung bis zu quadratischen Gliedern in z $\left(\log \frac{4\pi}{3Q} = -3{,}993\right)$

$$(72) \quad \begin{cases} \log N = 0{,}6\,(m - \Delta m_N) - 0{,}6\,M + \log n - 3{,}993\,, \\ \Delta m_N = 2{,}17\,z - \left(1{,}086 + 0{,}217 \frac{\varepsilon}{\dot{R}^2}\right) z^2 + \cdots \end{cases}$$[1].

Solange man die Größen Δm_z und Δm_N in (71) und (72) vernachlässigen kann, also in nicht zu großen Entfernungen, ist der Gehalt beider Gleichungen unmittelbar klar: (71) drückt dann die Proportionalität zwischen Rotverschiebung und „photometrischer Distanz" $D = 10^{0{,}2\,(m-M)}$ aus, während (72) behauptet, daß die Nebelanzahl in einem Volumen diesem proportional sei, „Volumen" nach der euklidischen Formel aus D berechnet. Es ist aber Vorsicht geboten bei der unbekümmerten Übertragung dieses Sachverhaltes auf weitere Raumgebiete, denn dann treten neue Einflüsse auf: 1. werden durch die Rotverschiebung die Helligkeiten geschwächt; 2. zeigen sich weitere Objekte, wegen des längeren Lichtweges, zu immer früheren Zeiten als nähere Objekte; es ist so, als hätten weitere Nebel den Verlauf der Funktion $R(t)$ im Zeitraum $t < t_2$ für den Beobachter aufbewahrt; dabei ist auch sofort verständlich, daß in den Rotverschiebungen ferner Nebel ganz andere Eigenschaften der Funktion $R(t)$ zur Geltung kommen als in den Nebelanzahlen N; 3. macht sich die Raumkrümmung bemerkbar. — Die Wirkung aller dieser Einflüsse kommt in den Termen Δm_z und Δm_N zum Ausdruck, die gar nicht gleich sein können, wie es in der Literatur im Anschluß an HUBBLE mehrfach angenommen wurde.

Manchmal ist es angebracht, andere Entwicklungen als (71) und (72) zu haben. Setzt man die Reihe $r(z)$ ein in $D = R r (1 + z)$ und kehrt um, so erhält man

$$(71\,\text{a}) \qquad z = \frac{\dot{R}}{R} D - \frac{1}{2}\left(1 + \frac{\ddot{R} R}{\dot{R}^2}\right)\left(\frac{\dot{R}}{R} D\right)^2 + \cdots$$

---

[1] Die Formeln (71) und (72) und die in ihnen implizite enthaltene Korrektur der Entwicklungen HUBBLEs [Astrophys. J. **84**, 517 (1936)] finden sich auch bei MCVITTIE: a. a. O.

an Stelle von (71). Setzt man (71a) in (72) ein, so erhält man

$$\text{(72a)}\quad \begin{cases} \log N = 0{,}6\,(m - \Delta m_N) - 0{,}6\,M + \log n - 3{,}993\,, \\ \Delta m_N = 2{,}17\left[\frac{\dot R}{R}D - \left(1 + \frac{1}{2}\frac{\ddot R R}{\dot R^2} + \frac{\varepsilon}{10\,\dot R^2}\right)\left(\frac{\dot R}{R}\right)^2 D^2 + \cdots\right]. \end{cases}$$

Die in Abschn. 9 skizzierte hypothetische „klassische" Optik würde die Formeln (71) bis (72a) in unveränderter Form liefern bis auf die Glieder in ε, die wegfallen würden. Erst wenn man R und $\dot R$ aus (33) einsetzen würde, kämen wieder Glieder einer scheinbaren Raumkrümmung ins Spiel, da ja (33) in der analytischen Form mit (I, 42) identisch ist.

Wir haben die Gleichungen (71) und (72) abgeleitet, damit unsere Entwicklungen leichter mit dem Reduktionsverfahren HUBBLEs[1] verglichen werden können. Doch wollen wir im folgenden die äquivalenten Formen (71a) und (72a) vorzugsweise benutzen.

d) Darstellung der Beobachtungen durch die Reihenentwicklungen.

Zunächst bemerken wir, daß die scheinbaren Größen m in unseren Formeln sich auf das über alle Wellenlängen integrierte Licht der Nebel beziehen, also sog. *bolometrische Größen* sind. Da das Nebellicht aber eine bestimmte Intensitätsverteilung hat — die sehr roh der eines schwarzen Strahlers von 6000° entspricht — und da die Aufnahmeapparatur selektiv wirkt, so sind die *beobachteten* Größen m' zu korrigieren, um sie in bolometrische Größen m zu verwandeln. Diese Korrektur hängt offenbar ihrerseits wieder von der Rotverschiebung im Spektrum des jeweiligen Nebels ab. Dieser von z abhängige Teil der bolometrischen Korrektur ist von HUBBLE[2] auf Grund der zur Zeit vorhandenen Unterlagen bestimmt worden zu $-2z$. Die Sicherheit des Faktors 2 läßt sich schwer angeben, wird aber von HUBBLE sehr wahrscheinlich überschätzt[3]. Wir wollen die Korrektion zunächst unverändert von HUBBLE übernehmen[4]. Der für alle Nebel konstante Anteil der bolometrischen Reduktion interessiert in unserem Zusammenhang nicht weiter.

---

[1] Hauptsächlich Astrophys. J. **84**, 517 (1936). — Eine leicht verständliche Darstellung der HUBBLEschen Reduktionen samt ihren Schlußfolgerungen bei TEN BRUGGENCATE: Naturwiss. **24**, 609 (1936); **25**, 561 (1937). — Vgl. auch FRICKE: Z. Astrophys. **14**, 56 (1937).

[2] a. a. O. S. 534ff.

[3] Vgl. die zweite in Anm. 1 zitierte Arbeit von TEN BRUGGENCATE sowie HOPPE: Astron. Nachr. **264**, 9 u. 339 (1937). — Auf den Einfluß der Streuung der Farbtemperaturen der Nebel ist bisher noch keine Rücksicht genommen worden, obwohl er vielleicht wichtiger ist als die Streuung der absoluten Größen.

[4] Vgl. S. 69f.

Die Rotverschiebungen in den Spektren ausgewählter heller *Nebel in Nebelhaufen* sind mit den zugehörigen *korrigierten* scheinbaren Größen m in der folgenden Tabelle wiedergegeben.

Tabelle 1.

Nr.	Haufen	p	z	m	$0{,}2(m-M)$	D	$(B-R)_1$	$(B-R)_2$
1	Virgo	32	0,0041	10,49	6,368—8	0,0233	− 3	− 3
2	Pegasus	5	,0127	12,89	6,868—8	,0738	− 5	− 4
3	Perseus	4	,0174	13,50	6,990—8	,0977	+ 1	+ 1
4	Coma	8	,0245	14,26	7,142—8	,1387	− 2	+ 1
5	UMa I	1/2	,0517	16,18	7,526—8	,3357	− 75	(− 65)
6	Leo	1	,0653	16,40	7,570—8	,3715	− 1	+ 12
7	Cor. Bor.	1	,0707	16,62	7,614—8	,4112	− 17	− 1
8	Gemini.	1/2	,0780	16,37	7,564—8	,3664	+134	(+148)
9	Bootes	1	,1307	18,03	7,896—8	,7870	− 57	− 3
10	UMa II	1/2	,1403	17,88	7,866—8	,7345	+127	(+175)

Wir nehmen als Entfernungseinheit 10^8 Parsec. Da die absolute Größe der in der Tabelle angeführten Nebel im Mittel $-16{,}45$ beträgt[1], bezogen auf die Einheit 10 Parsec, so beträgt sie 18,55 für 10^8 Parsec. Damit ist die Kolonne $0{,}2(m-M) = \log D$ gewonnen und aus ihr die photometrische Distanz D selbst. Die Gewichte p sind bis auf die Zeilen 5, 8, 10 direkt gleich der Anzahl der im betreffenden Haufen beobachteten Nebel. In den Fällen 5 und 10 ist die Herabsetzung des Gewichtes auf $1/2$ dadurch begründet, daß nur je 1 Spektrogramm eines Nebels das angegebene z lieferte[2]. Bei 8 ist die an m angebrachte Korrektion und damit D wegen galaktischer Absorption unsicher[3]; Zeile 9 dagegen ist verbürgt[4]. Die Tabelle zeigt, daß eine Vermehrung des Materials dringend erwünscht ist, nicht allein bei den schwächsten Nebeln, sondern auch im mittleren Bereich von $D = 0{,}2$ an.

Um die Koeffizienten von D und D^2 in Gleichung (71a) zu bestimmen, wurden die Werte der Kolonne z ausgeglichen nach dem Ansatz $z = aD + bD^2$. Es ergab sich[5]

$$(71\text{b}) \qquad \begin{array}{rl} z = 0{,}1789\,D & -0{,}0071\,D^2 \\ \pm\ ,0160 & \pm\ ,0160. \end{array}$$

[1] Astrophys. J. **84**, 288.

[2] HUBBLE: Observational Approach S. 37 (Anm. † zu Tab. I).

[3] Astrophys. J. **84**, 277.

[4] Nach ADAMS (Ann. Report of the Director of the Mount Wilson Observatory **1939/40**, 19) ist der Wert durch neuere Messungen HUMASONS mit größerer Dispersion besonders gut gesichert.

[5] Die im folgenden mitgeteilten mittleren Fehler sind selbst sehr unsicher, können aber doch einen richtigen Eindruck vermitteln von der Genauigkeit (bzw. Ungenauigkeit) der Zahlen.

Wurden aber die drei unsicheren Nebel einfach fortgelassen, so kam

$$(71\,c)\qquad z = \underset{\pm ,0035}{0{,}1782\,D} \quad \underset{\pm ,0035.}{-0{,}0150\,D^2}$$

Die Darstellung der Beobachtungen durch (71b) und (71c) kann aus den Kolonnen der Reste $(B - R)_1$ und $(B - R)_2$ beurteilt werden. Man kann also folgern, daß der Koeffizient b mit einiger Wahrscheinlichkeit negativ ist; dem absoluten Betrage nach dürfte aber der zweite Wert der äußersten Grenze nahe liegen. Mehr läßt sich leider mit dem vorliegenden Material nicht aussagen. Mit den obigen Zahlen liefert Gleichung (71a) folgende Werte:

$$\text{Aus (71b):}\qquad \frac{\dot R}{R} = \underset{\pm ,0160;}{+0{,}1789} \qquad \frac{\ddot R R}{\dot R^2} = \underset{\pm 1{,}00.}{-0{,}56}$$

$$\text{Aus (71c):}\qquad \frac{\dot R}{R} = \underset{\pm ,0035;}{+0{,}1782} \qquad \frac{\ddot R R}{\dot R^2} = \underset{\pm ,22.}{-0{,}06}$$

Von $\ddot R R/\dot R^2$ läßt sich also nur sagen, daß sein Wert mit einer Unsicherheit der Größenordnung 1 bei Null liegt.

Die Anzahlen N von *Feldnebeln* als Funktion von m' sind neben einigen weiteren Reduktionsdaten in der folgenden Tabelle 2 zusammengestellt[1]:

Tabelle 2.

	m'	$\log N$	z	m	$0{,}2\,(m-M)$	D	l	$(B-R)_1$	$(B-R)_2$
a	12,78	−1,382	0,007	12,77	0,594—2	0,039	6,838	−0,019	+0,003
b	18,20	+1,713	,077	18,05	,650—1	,447	6,860	− ,015	− ,017
c	18,47	1,886	,086	18,30	,700—1	,501	6,895	+ ,016	+ ,011
d	19,00	2,161	,106	18,79	,798—1	,628	6,906	+ ,014	+ ,006
e	19,40	2,342	,124	19,15	,870—1	,741	6,896	− ,010	− ,019
f	20,00	2,686	,157	19,69	,978—1	,951	6,966	+ ,029	+ ,018
g	21,03	3,162	,229	20,57	,154	1,426	7,024	− ,013	− ,005

Im Gegensatz zur vorigen Tabelle sind hier die zur Reduktion von m' auf m nötigen z nicht beobachtet, sondern aus den Daten der Lösung (71c) extrapoliert. Der Unterschied des Wertes 0,229 der letzten Zeile gegen den unter Benutzung von (71b) resultierenden Wert $z = 0{,}236$ ist völlig belanglos. Die absolute Größe der Feldnebel M beträgt $+19{,}80$[2] (Einheit 10^8 Parsec). Mit ihr ist $0{,}2\,(m - M)$ und die photometrische Distanz D gewonnen. l ist definiert durch

$$l = \log N - 0{,}6\,(m - M) + 3{,}993 + 0{,}6 \cdot 2{,}17\,\frac{\dot R}{R}\,D$$

[1] Zeile a SHAPLEY and AMES: Harvard Ann. **88**, 43 (1932). — Zeile b SHAPLEY: Proc. Nat. Acad. Sci. U. S. A. **24**, 148 (1938). — Zeile c bis g HUBBLE: Astrophys. J. **84**, 517 (1936).

[2] Astrophys. J. **84**, 288 gibt −15,20 für die Einheit 10 parsec.

[vgl. (72a)], wobei der Faktor $\dot{R}/R$ im letzten Gliede aus (71c) entnommen wird. l wird nun gemäß (72a) ausgeglichen in Abhängigkeit von D nach dem Ansatz

$$l = x + yD^2,$$

wo

$$x = \log n, \quad y = +1{,}302\left(1 + \frac{1}{2}\frac{R\ddot{R}}{\dot{R}^2} + \frac{\varepsilon}{10\dot{R}^2}\right)\left(\frac{\dot{R}}{R}\right)^2.$$

Es ergibt sich

$$l = 6{,}857 + 0{,}088\,D^2.$$
$$\pm\ ,011\ \pm\ ,012$$

Die Reste dieser Darstellung gibt die Kolonne $(B - R)_1$ wieder. Es kommen also $n = 7{,}2 \cdot 10^6$ Nebel auf die Volumeneinheit von 10^{24} psc^3, d. h. rund sieben Nebel auf einen Würfel von einer Million Parsec Kantenlänge oder $0{,}27 \cdot 10^{-72}$ auf den Kubikzentimeter.

Benutzt man im weiteren (71b), so kommt

$$\frac{\varepsilon}{\dot{R}^2} = +14{,}0 \pm 5{,}7, \quad \varepsilon = +1; \quad R = 1{,}49 \pm 0{,}60,$$

Benutzt man aber (71c), so ergibt sich

$$\frac{\varepsilon}{\dot{R}^2} = +11{,}6 \pm 3{,}6, \quad \varepsilon = +1; \quad R = 1{,}64 \pm 0{,}49.$$

In beiden Fällen erhält man also sphärische Raummetrik; der Raum ergibt sich als endlich und geschlossen. Aus der auf Grund der Feldgleichungen (3) gewonnenen Gleichung (33) leitet man die beiden Beziehungen her

$$\Lambda = \left(\frac{\dot{R}}{R}\right)^2\left(1 + 2\frac{\ddot{R}R}{\dot{R}^2}\right) + \frac{1}{R^2}$$

und

$$\frac{2}{3}\varkappa\varrho = \left(\frac{\dot{R}}{R}\right)^2\left(1 - 2\frac{\ddot{R}R}{\dot{R}^2}\right) + \frac{1}{R^2} + \frac{\Lambda}{3}.$$

Als Folge von (71b) kommt dann

$$\Lambda = +0{,}45 \pm 0{,}19; \quad \tfrac{2}{3}\varkappa\varrho = +0{,}67 \pm 0{,}20,$$

während (71c) liefert

$$\Lambda = +0{,}40 \pm 0{,}11; \quad \tfrac{2}{3}\varkappa\varrho = +0{,}54 \pm 0{,}12.$$

Innerhalb der mittleren Fehler stimmen beide Resultate überein. Nachdem ε, Λ und ϱ bekannt sind, kann $R(t)$ berechnet werden aus (33). Bis auf den willkürlich wählbaren Nullpunkt der Zeit liegt nun das zeitliche Verhalten des Modells völlig fest. Insbesondere ist dann eindeutig angebbar, an welcher Stelle des Lösungsverlaufs wir uns „jetzt“ befinden.

Trotz anderen Vorgehens in Einzelheiten haben wir das Resultat HUBBLEs erhalten, daß das Weltmodell einen auffallend kleinen Radius hat, der durchaus von der Größenordnung der Entfernung von Feldnebeln der Größe 21 bis 22 ist, und daß die Dichte ziemlich groß herauskommt: Im Mittel wird wegen $\varkappa = 8\pi G/c^2 = 1{,}86 \cdot 10^{-27}\,\mathrm{g}^{-1}\,\mathrm{cm}$

$$\tfrac{2}{3}\varkappa\varrho = +0{,}60/10^{16}\,\mathrm{psc}^2 = 0{,}67 \cdot 10^{-53}\,\mathrm{cm}^{-2}; \qquad \varrho = 5{,}4 \cdot 10^{-27}\,\mathrm{g\,cm}^{-3}.$$

Dieser Wert beträgt noch $^1/_{200}$ der Massendichte, die für das nähere Sternsystem angenommen zu werden pflegt. Aus dynamischen Betrachtungen über Einzelnebel und über Nebelhaufen[1], die zwar auf der Basis der klassischen Mechanik angestellt wurden, die aber — im Gegensatz zu den Überlegungen von Teil I dieses Referates — stationäre Verhältnisse voraussetzen, hat man die durchschnittliche Masse $\mathfrak{M}_N$ von Einzelnebeln abgeschätzt zu

$$\mathfrak{M}_N > 4{,}5 \cdot 10^{10}\,\mathfrak{M}_\odot = 9 \cdot 10^{43}\,\mathrm{g}.$$

Daraus folgt $\varrho = \mathfrak{M}_N n > 2{,}4 \cdot 10^{-29}\,\mathrm{g\,cm}^{-3}$. Diese Ungleichung wird von dem kosmologisch errechneten Wert erfüllt. Doch darf man nicht die enormen Unsicherheiten der Betrachtungen verkennen, die zu den Zahlenwerten führten. Die Kritik an der Grenze für $\mathfrak{M}_N$ wollen wir hier unterdrücken[2]. Dagegen soll die Fragwürdigkeit der numerischen Angaben über das gefundene sphärische Weltmodell weiter belegt werden:

Zunächst sei eine andere Darstellung der Nebelzählungen gegeben an Stelle von (72b)[3]. In Anbetracht der Unsicherheit der bolometrischen Korrektion $-2z$ (vgl. S. 65), die HUBBLE durchweg an den scheinbaren Größen vornimmt, wollen wir die unter Zugrundelegung von (72) geltende, aber um den Term Kz erweiterte Gleichung

$$\begin{aligned}\log N - 0{,}6(m' - 2z - M) = \log n &- 0{,}6(K + 2{,}17)z\\ &+ 0{,}651\left(1 + \frac{\varepsilon}{5\dot{R}^2}\right)z^2\end{aligned}$$

zur Darstellung der Beobachtungen verwenden. Wenn $K = 0$ wäre, so läge genau der im vorigen behandelte Fall vor. Indem wir aber K durch die Ausgleichung bestimmen, leiten wir eine Korrektur des HUBBLEschen Terms $2z$ ab.

Die Ausgleichung des Materials der letzten Tabelle nach dem neuen Ansatz liefert

$$\log n = 6{,}832 \pm 0{,}011; \qquad n = 6{,}8 \cdot 10^6;$$
$$K = -0{,}74 \pm 0{,}52; \qquad \frac{\varepsilon}{\dot{R}^2} = +4{,}05 \pm 9{,}70.$$

[1] ZWICKY: Astrophys. J. **86**, 217 (1937); dort auch frühere Literatur.
[2] ZWICKY: a. a. O.
[3] Vgl. auch McVITTIE: Observatory **61**, 213.

Wie die letzte Kolonne der Tabelle 2 in den Resten $(B - R)_2$ zeigt, ist die Darstellung der Beobachtungen besser geworden. Dagegen ist durch die Mitbestimmung der bolometrischen Korrektion $-(2+K)z = -1{,}26z$ das Gewicht des Koeffizienten des quadratischen Gliedes so gefallen, daß das Vorzeichen der Krümmung, also die Antwort auf die Frage, ob das Weltmodell sphärisch oder hyperbolisch zu wählen ist, unbestimmt bleibt.

Wir haben aus den vorhergehenden Betrachtungen folgendes zu entnehmen:

1. Das aus den Beobachtungen errechnete Weltmodell scheint äußerst empfindlich zu sein gegen Änderungen der bolometrischen Korrektion, die noch im Bereich des Möglichen liegen. Man kann ebenso vermuten — die Begründung wird im nächsten Abschnitt gegeben —, daß ein kleiner Skalenfehler in den scheinbaren Größen weitreichende Folgen haben wird.

2. Der Weltradius R ergab sich von der gleichen Größenordnung wie die größten vorkommenden photometrischen Distanzen D. Dann ist aber die Entwicklung nach Potenzen von D und das Abbrechen der Reihen bei quadratischen Gliedern höchst fragwürdig, da der beobachtete Bereich nicht mehr klein ist gegenüber dem Gesamtvolumen des Modells. Man kann in der Tat aus den oben abgeleiteten Werten für $\varrho(t_2)$, Λ, R_2, $\dot{R}_2/R_2$ rückwärts mit den Formeln des Unterabschn. b aus dem gefundenen Weltmodell streng — durch numerische Quadratur von (66b) — die optischen Konsequenzen ziehen, die — wäre das Modell korrekt aus den Beobachtungen hergeleitet — streng auf die hineingesteckten Funktionen $z(m)$ und $N(m)$ führen müßten. Daß dies nicht der Fall ist (wovon der Verfasser durch Ausführung der nicht hierher gehörigen Rechnungen sich überzeugt hat), beweist die Unbrauchbarkeit der Reihenentwicklungen. Ein Mitnehmen weiterer Glieder führt zu keiner Besserung, da das Gewicht der Koeffizienten zu sehr sinkt.

Also hat man an die Stelle der Reihenentwicklungen ein anderes Reduktionsverfahren zu setzen, damit klar hervortritt, welche Eigenschaften des Beobachtungsmaterials in das Modell eingehen, ohne daß das Reduktionsverfahren seinerseits Fehler in das Resultat hineinträgt.

e) Strengere Reduktion der Beobachtungen.

Aus den Gleichungen (69b) und (70) folgt

$$(73)\quad \begin{cases} \dfrac{N}{D^3}(1+z)^3 = \dfrac{4\pi n}{3Q} X(\chi); \\[2ex] X(\chi) = \begin{cases} \dfrac{3}{2}\,\dfrac{\operatorname{Sin}\chi\operatorname{Cos}\chi - \chi}{\operatorname{Sin}^3\chi} & \text{wenn}\quad \varepsilon = -1, \\[1ex] 1 & \text{,,}\quad \varepsilon = 0, \\[1ex] \dfrac{3}{2}\,\dfrac{\chi - \sin\chi\cos\chi}{\sin^3\chi} & \text{,,}\quad \varepsilon = +1. \end{cases} \end{cases}$$

Diese Beziehung ist sehr geeignet, um einwandfrei aus den Beobachtungen das Vorzeichen der Raumkrümmung zu erschließen. Denn mit von Null an wachsendem χ nimmt die Funktion $X(\chi)$ monoton ab, wenn $\varepsilon = -1$. Sie bleibt konstant $= 1$, wenn $\varepsilon = 0$, und wächst (für $\chi < \pi$, was allein interessiert), wenn $\varepsilon = +1$. Für kleine χ sind die aus der Bahnbestimmung bekannten GAUSSschen Reihen bequem:

$$\varepsilon = -1; \quad X(\chi) = 1 - \frac{6}{5}\,\mathfrak{Sin}^2\frac{\chi}{2} + \frac{6 \cdot 8}{5 \cdot 7}\,\mathfrak{Sin}^4\frac{\chi}{2} - + \cdots,$$

$$\varepsilon = +1; \quad X(\chi) = 1 + \frac{6}{5}\sin^2\frac{\chi}{2} + \frac{6 \cdot 8}{5 \cdot 7}\sin^4\frac{\chi}{2} + \cdots.$$

Die folgende Tabelle reicht wohl für alle Zwecke der Kosmologie aus.

Man braucht aus den Beobachtungen zunächst nur die linke Seite von (73) zu bilden und zu beurteilen, ob sie mit immer schwächer werdenden Nebeln fällt, konstant bleibt oder wächst, um ε zu erhalten. Für nähere Nebel ist χ klein. $X(\chi)$ ist dann von 1 nur wenig verschieden, so daß man leicht n erhalten kann. Die Division von $\frac{N}{D^3}(1+z)^3$ durch $\frac{4\pi n}{3Q}$ liefert somit $X(\chi)$. Aus der Tabelle entnimmt man (etwa bei $\varepsilon = +1$) $\sin\chi$ und χ selbst. Da man $D = R_2 \sin\chi\,(1+z)$ kennt, hat man nur die Kolonne D der Kolonne $(1+z)\sin\chi$ gegenüberzustellen, um durch Ausgleichung R_2, den Betrag des Krümmungsradius des Weltmodells, zu erhalten. Um die Konstanten $\mathfrak{M}$ [bzw. $\varrho(t_2)$] und Λ der Feldgleichung (33) zu bekommen, bilden wir zunächst aus (33) mit Rücksicht auf (32)

Tabelle 3.

χ	$\sin\chi$	$\mathfrak{Sin}\,\chi$	$\log X(\chi)$ $\varepsilon = +1$	$\log X(\chi)$ $\varepsilon = -1$
0,0	0,000	0,000	0,000	0,000
0,1	,100	,100	+ ,001	− ,001
0,2	,199	,201	,005	,005
0,3	,296	,304	,012	,012
0,4	,389	,411	,021	,021
0,5	,479	,521	,033	,032
0,6	,565	,636	,048	,046
0,7	,644	,758	,066	,062
0,8	,717	,888	,086	,081
0,9	,783	1,027	,111	,101
1,0	,841	1,175	,138	,124
1,1	,891	1,336	,169	,148
1,2	,932	1,509	,203	,175
1,3	,964	1,698	,242	,203
1,4	,985	1,904	,286	,232
1,5	0,997	2,129	,335	,263
1,6	1,000	2,376	,389	,296
1,7	0,992	2,646	,449	,329
1,8	,974	2,942	,516	,364
1,9	,946	3,268	,592	,400
2,0	,909	3,627	,676	,436

$$(74) \qquad \frac{\dot R_2^2}{R_2^2} = \frac{\varkappa \mathfrak{M}}{4\pi R_2^3} + \frac{\Lambda}{3} - \frac{\varepsilon}{R_2^2} = \frac{\varkappa}{3}\varrho_2 + \frac{\Lambda}{3} - \frac{\varepsilon}{R_2^2}.$$

Der Index 2 soll andeuten, daß wir die Beziehung nur für den Augenblick $t = t_2$ auswerten. R_2 selbst ist uns schon bekannt. $\dot R_2/R_2$ läßt sich mit verhältnismäßig hoher Genauigkeit aus den beobachteten Werten $z(D)$ gewinnen, weil

$$\left(\frac{dz}{dD}\right)_{R=R_2} = \left(\frac{dz}{dD}\right)_{D=0} = \left(\frac{\dot{R}}{R}\right)_{t=t_2}$$

ist. Hier kann man den aus den Reihenentwicklungen erhaltenen und gut verbürgten Wert von $\dot{R}_2/R_2 = 0{,}178$ unbekümmert übernehmen. In (74) haben wir eine erste Gleichung für die beiden Unbekannten Λ und $\mathfrak{M}$ bzw. Λ und ϱ_2.

Ferner bekommt man aus (66b) die Beziehung

$$\frac{1}{R_1^4}\left(\frac{dR_1}{d\chi}\right)^2 = \frac{\varkappa}{3}\varrho_2\frac{R_2^3}{R_1^3} + \frac{\Lambda}{3} - \frac{\varepsilon}{R_1^2}. \tag{75}$$

Da $1+z$ beobachtet (bzw. durch Extrapolation der Beobachtungen zu schwächeren Nebeln hin berechnet) und χ schon bekannt ist, kann man aus

$$R_1 = \frac{R_2}{1+z} \tag{68}$$

die Funktion $R_1(\chi)$ numerisch herleiten. Zu jeder scheinbaren Helligkeit gehört ein Emissionszeitpunkt t_1 und damit ein Wertepaar (R_1, χ). Die die Funktion definierenden Punkte werden im allgemeinen infolge der Unsicherheit der Beobachtungen streuen. Es wird deshalb zweckmäßig sein, zur Berechnung von $dR/d\chi$ so zu verfahren, daß man die Funktion interpolatorisch ansetzt in der Form

$$R_1 = a + b\chi + c\chi^2. \tag{76}$$

Für $\chi = 0$ ist $a = R_1 = R_2$; ebenso ist [nach (66b)] $\frac{dR_1}{d\chi} = b = -\frac{\dot{R}_2}{R_2}R_2^2$. Demnach ist nur der Koeffizient c durch Ausgleichung zu bestimmen. Dann hat man die Möglichkeit, ein aus (76) am besten mit einem hohen Wert von χ gewonnenes Wertepaar R_1 und $dR_1/d\chi$ in (75) einzusetzen und so eine zweite Gleichung für ϱ_2 und Λ zu gewinnen. Das Modell ist damit festgelegt.

Wir wollen das in Unterabschn. d gegebene Zahlenmaterial in der geschilderten Weise behandeln.

Tabelle 4.

	D	$1+z$	$\log\frac{N(1+z)^3}{D^3}$	$\log X(\chi)$	$\sin\chi$	χ	$(1+z)\sin\chi$	R_1	$R_1 - a - b\chi$
a	0,039	1,007	2,845	+0,006	0,211	0,212	0,213	1,113	+0,039
b	0,447	1,077	2,860	0,021	0,389	0,400	0,419	1,041	+0,009
c	0,501	1,086	2,894	0,055	0,597	0,641	0,648	1,033	+0,055
d	0,628	1,106	2,898	0,059	0,615	0,663	0,680	1,014	+0,041
e	0,741	1,124	2,885	0,045	0,549	0,581	0,617	0,998	+0,006
f	0,951	1,157	2,942	0,103	0,762	0,869	0,882	0,970	+0,043
g	1,426	1,229	2,969	0,130	0,824	0,971	1,013	0,913	+0,009

Für $\log\frac{4\pi n}{3Q}$ ist 2,839 angenommen. Subtraktion dieses Wertes von $\log\frac{N(1+z)^3}{D^3}$ liefert $\log X(\chi)$. Da die Zahlen eindeutig wachsen, so liegt der Fall $\varepsilon = +1$, also sphärische Metrik vor. Die Tabelle für $\log X(\chi)$ der vorigen Seite liefert die Kolonnen $\sin\chi$ und χ. Durch Ausgleichung der Kolonnen D und $(1+z)\sin\chi$ erhält man den Wert

$$R_2 = 1{,}122.$$

Doch weisen wir darauf hin, daß die Darstellung einen systematischen Gang in den Resten läßt, der zeigt, daß die HUBBLEschen Beobachtungen, so wie sie stehen, zwar unter den homogenen Weltmodellen von einem sphärischen, von diesem aber nicht voll befriedigend dargestellt werden. Die Ursache mag in realen Inhomogenitäten wie in systematischen Fehlern der Beobachtungen gesucht werden. Darüber läßt sich aber etwas Sicheres nicht aussagen, da der Gang der Reste in Anbetracht der natürlichen Ungenauigkeiten der Ausgangsdaten nicht groß ist.

Die Division von R_2 durch $1+z$ liefert die Kolonne R_1, die nun nach dem Ansatz (76) mit der Kolonne χ zusammen auszugleichen ist. Dabei ist $a = 1{,}122$ und mit Rücksicht auf (71c) $b = -0{,}178 \cdot 1{,}259 = -0{,}224$. Für den Koeffizienten c erhält man durch Ausgleichung der Kolonne $R_1 - a - b\chi$ mit dem Argument χ^2 den Wert $c = +0{,}044$; auch hier bleibt ein kleiner, schlecht verbürgter Gang in den Resten der Darstellung

$$R_1 = 1{,}122 - 0{,}224\chi + 0{,}044\chi^2.$$

Wir haben nun in (74) einzugehen mit $\dot{R}_2/R_2 = 0{,}178$ und $R_2 = 1{,}122$. Dabei erhalten wir

(74a) $$\varkappa\varrho_2 + \Lambda = 2{,}478.$$

In (75) aber gehen wir ein mit den Werten $(R_1)_{\chi=1} = 0{,}942$; $\left(\frac{dR_1}{d\chi}\right)_{\chi=1} = -0{,}136$ und erhalten

(75a) $$1{,}690\,\varkappa\varrho_2 + \Lambda = 3{,}451.$$

Somit haben wir aus (74a) und (75a)

$$\varkappa\varrho_2 = 1{,}410; \qquad \Lambda = 1{,}068$$

oder, in CGS-Einheiten,

(77) $$\varrho_2 = 7{,}6 \cdot 10^{-27}\,\mathrm{g\,cm^{-3}}; \qquad \Lambda = 1{,}12 \cdot 10^{-53}\,\mathrm{cm^{-2}}.$$

Größenordnungsmäßig unterscheiden sich R_2 und ϱ_2 nach dieser Behandlung des Zahlenmaterials nicht wesentlich von den Resultaten der Reihenentwicklung. Die unbehaglich hohe mittlere Dichte ist noch etwas gewachsen.

Um nun die hohe Empfindlichkeit des Weltmodells gegenüber kleinen systematischen Fehlern in den Beobachtungen zu zeigen, wollen wir das Zahlenmaterial in einem Punkte etwas abändern: Wir wollen annehmen, daß die zur Berechnung der photometrischen Distanz D verwendeten scheinbaren Größen m' einer Korrektion von $+0{,}1\,(m-19)$ bedürfen, sobald $m > 19{,}0$ ist; für $m < 19$ dagegen sollen die scheinbaren Größen unverändert bleiben. Somit werden die Ausgangsdaten der Zeilen a bis d die alten bleiben, dagegen die Größen D und z in den Zeilen e, f, g neue Werte annehmen[1]. Wir erhalten dann folgende Reduktionsstufen:

Tabelle 5.

	D	$1+z$	$\log\frac{N(1+z)^3}{D^3}$	ψ	P	$P-1+0{,}178\,\psi$
a	0,039	1,007	2,845	0,039	0,993	0,000
b	0,447	1,077	2,860	0,415	0,928	0,002
c	0,501	1,086	2,894	0,461	0,921	0,003
d	0,628	1,106	2,898	0,568	0,904	0,005
e	0,755	1,126	2,863	0,671	0,888	0,007
f	0,986	1,163	2,901	0,848	0,860	0,011
g	1,542	1,245	2,884	1,238	0,803	0,023

Hier zeigt die 3. Kolonne $\log\frac{N(1+z)^3}{D^3}$ sofort, daß von einem Anwachsen der Zahlen nicht mehr gut gesprochen werden kann, denn das Wachsen in den drei ersten Zeilen a, b, c ist nur sehr unsicher verbürgt, weil z. B. in der ersten Zeile die Gesamtzahl der Nebel, die wirklich gezählt wurden, etwa 500 war, so daß die natürliche Unsicherheit $\sqrt{500}$ beträgt. Da die Nebelverteilung aber übernormale Dispersion zeigt, so dürfte $\sqrt{500}$ noch wesentlich zu niedrig sein. Also ist $\log N$ um etwa 0,02 bis 0,03 ungenau. Kurz, da ein Wachsen wie ein Abnehmen aus obigen Zahlen nicht abgelesen werden kann, tut man am besten, nunmehr ein euklidisches Weltmodell zu benutzen, also $\varepsilon = 0$ zu setzen. Es ist dann für die weitere Rechnung vorteilhaft, die neuen Größen

$$\psi = R_2\chi \quad \text{und} \quad P = \frac{R}{R_2}$$

einzuführen. ψ hat die Dimension einer Länge, P ist dimensionslos.

Da $\psi = \frac{D}{1+z}$, $P = \frac{1}{1+z}$, so wird der für das zu konstruierende Modell fundamentale Zusammenhang $P(\psi)$ gar nicht durch die Anzahlen N gegeben, die nur zur Festlegung der Metrik dienten. Bei dem

[1] Die unter photometrischen Gesichtspunkten sehr kleine Abänderung nimmt dem Sinne nach, aber quantitativ willkürlich Rücksicht auf die Schwäche der in Abschn. 17b erwähnten Voraussetzung, daß die Nebel durch rund $5 \cdot 10^8$ Jahre mit unverminderter Helligkeit strahlen: Denn wenn die Ausstrahlung im Laufe dieser Zeit bereits abnehmen sollte, so werden uns die fernsten Nebel in früheren Stadien, d. h. zu hell, erscheinen. Sie müssen dann, um mit den näheren vergleichbar zu werden, geschwächt werden.

im vorigen behandelten sphärischen Modell wurde der entsprechende Zusammenhang $R_1(\chi)$ ganz im Gegensatz dazu wesentlich durch die N festgelegt, deren natürliche Unsicherheit sich sehr störend bemerkbar machte. Da $P(t_2) = P_2 = 1$ ist, so lauten die beiden zur Bestimmung von ϱ_2 und Λ dienenden Gleichungen:

(74b) $$3\dot{P}_2^2 = \varkappa\varrho_2 + \Lambda$$

und

(75b) $$\frac{3}{P_1^4}\left(\frac{dP_1}{d\psi}\right)^2 = \frac{\varkappa\varrho_2}{P_1^3} + \Lambda .$$

Wir haben also ein zusammengehöriges Wertepaar P_1 und $\frac{dP_1}{d\psi}$ für ein großes ψ zu bestimmen und stellen zu diesem Zweck P_1 in der Form

$$P_1 = a + b\psi + c\psi^2$$

dar. Hier ist wieder nur der Koeffizient c durch Ausgleichung zu bestimmen, weil ja $(P_1)_{\psi=0} = a = 1$ und $\left(\frac{dP_1}{d\psi}\right)_{\psi=0} = b = -(\dot{P}_1)_{\psi=0}$ $= -\dot{P}_2 = -0{,}178$ ist. Die Ausgleichung liefert $c = +0{,}0151$. Die Reste der Darstellung

(78) $$P_1 = 1 - 0{,}178\psi + 0{,}0151\,\psi^2$$

sind sehr klein und zeigen — anders als die Reste von (75) — keine Spur eines systematischen Ganges. Wählen wir das Wertepaar P_1, $\frac{dP_1}{d\psi}$ bei $\psi = 1$, so kommt

$$P_1 = 0{,}837; \qquad \frac{dP_1}{d\psi} = -0{,}148 .$$

Somit haben wir die beiden Gleichungen

(74c) $$0{,}0951 = \varkappa\varrho_2 + \Lambda$$

und

(75c) $$0{,}1339 = 1{,}705\,\varkappa\varrho_2 + \Lambda ,$$

aus welchen folgt

(79) $$\varkappa\varrho_2 = +0{,}055; \quad \Lambda = +0{,}040; \quad \varrho_2 = 3{,}0 \cdot 10^{-27}\,\mathrm{g\,cm^{-3}}.$$

Die Dichte ist also auf weniger als $^1/_{25}$ gegenüber dem sphärischen Modell gesunken, womit die Empfindlichkeit der Modelle gegen kleine systematische Fehler in den Beobachtungen deutlich gemacht ist.

f) Zusammenfassende Bemerkungen über den Vergleich von Theorie und Beobachtung.

In der Einleitung zu diesem Abschnitt hatten wir die Rolle des Homogenitätspostulates in der Theorie erläutert und dabei betont, daß es durchaus unabhängig ist von den theoretischen Grundlagen, die im klassischen Falle (Teil I) in den Gesetzen der Erhaltung der Masse und des Impulses sowie dem NEWTONschen Gravitationsgesetz, im relativistischen Falle in den Feldgleichungen enthalten sind. Streng genommen hat man also empirisch zu prüfen, wieweit Homogenität wirklich vorhanden ist, ehe man die homogenen Modelle der Beobachtung gegenüberstellt. Wir sind aber zur Zeit weit davon entfernt, die Homogenität in dem nötigen Umfang sicherstellen zu können, ehe nicht die saubere Scheidung von galaktischer Absorption und außergalaktischer Inhomogenität geglückt ist. Auch die außergalaktische Haufenbildung der Nebel ist zu wenig systematisch erforscht, als daß man ihre Rolle schon durch einfache „Verschmierung" der Schwankungen in den Nebelzahlen kompensieren dürfte. Ferner erinnern wir an die Annahme einer zeitlich konstanten absoluten Größe der Nebel, die für die weitesten von ihnen schon angezweifelt werden kann. Somit muß man bei der Gegenüberstellung der homogenen Modelle mit den Beobachtungen von vornherein auf Diskrepanzen gefaßt sein. Darüber hinaus sind Bedenken berechtigt gegen die Art, wie die Nebelzählungen gewonnen wurden: Die bisher benutzten Zahlen der Nebel bis zu gewissen Grenzgrößen, die nur wenig über der Schwelle der Plattenempfindlichkeit liegen, sind sehr unsichere Daten. Man sollte in möglichst großen, zusammenhängenden Gebieten (nicht in kleinen, unzusammenhängenden Feldern) exakt photometrierte Nebelhelligkeiten mit den Zählungen verbinden. Weiter: Die Rotverschiebungen z sind von der photometrischen Distanz $0{,}2 \cdot 10^8$ psc an bei so wenigen Nebeln festgelegt, daß die unvermeidbar bei der Kombination mit den Zählungen nötige Extrapolation bisher nur mit großer Zurückhaltung zu weitergehenden Schlüssen verwendet werden kann. Es ist zu wünschen, daß das Material an z-Werten für schwächere Nebel wesentlich vermehrt wird. Zuletzt ist zu betonen, daß spektral-photometrische Untersuchungen im ultravioletten Nebellicht zwischen λ 3000 und λ 4000 anzustellen sind, damit die Grundlage für die Berechnung des von z abhängigen Teiles der bolometrischen Korrektion verbessert wird.

Wenn man sich diese zum Teil gewiß unbescheidenen, aber gerechtfertigten Wünsche vergegenwärtigt, so wird man mit dem Dank gegen die Forscher, die das bisher schon große empirische Material sammelten und zu ersten, weittragenden Schlußfolgerungen benutzten, jedoch die Bitte verbinden dürfen, den Beobachtungen nicht die Last von Entscheidungen aufzubürden, die sie nicht tragen können. Bisher können wir aus den mit der Homogenitätsforderung stark vereinfachten Modellen der Theorie jedenfalls entnehmen, daß es der klassischen und der relativistischen Mechanik keine Schwierigkeiten macht, weltweite Expansionen zu verstehen und trotz aller Vereinfachungen erstaunlich gute Übereinstimmung mit den bisherigen Beobachtungen auch in Einzelheiten zu erreichen.

18. Zusammenfassung des zweiten Teiles.

Nach einer kurzen Charakterisierung der Grundgedanken der allgemeinen Relativitätstheorie und einer sehr kurzen Zusammenstellung ihres formalen Apparates wurde durch das Weltpostulat die Form (II, 22) der Weltmetrik garantiert, die — in voller Analogie zu Teil I — aussagt, daß jeder Beobachter, wo auch immer er in der Welt stehen möge, den gleichen Anblick von der Welt hat, sofern er relativ zur Materie seiner nächsten Umgebung ruht. Die Feldgleichungen der Gravitation ergaben für die universelle Skalenfunktion $R(t)$ in (II, 22) genau die gleiche Differentialgleichung wie im klassischen Falle, so daß für die Diskussion des Lösungsverlaufes auf Teil I verwiesen werden konnte. Nach einer kurzen Behandlung der Bewegung einer einzelnen Massenpartikel wurde die Fortpflanzung des Lichtes sehr breit dargestellt. Während die analogen Betrachtungen des Teiles I einen völlig hypothetischen Charakter im Rahmen der klassischen Mechanik trugen, handelt es sich bei der Darstellung der Lichtfortpflanzung im Rahmen der Relativitätstheorie um eine mathematisch zwingende und physikalisch aus dem Äquivalenzprinzip verständliche Erweiterung klassischer Betrachtungen. Man wird eindeutig geführt zu einem Zusammenhang zwischen scheinbaren Helligkeiten einerseits sowie absoluten Helligkeiten, „Entfernung" und Rotverschiebung andererseits, der identisch ist mit dem analogen in Teil I hypothetisch formulierten Gesetz. Die Anwendung der optischen Betrachtungen auf das Beobachtungsmaterial zeigt, daß bei vorsichtiger Beurteilung aller ins Spiel kommenden Faktoren Schwierigkeiten für die Theorie nicht entstehen, daß also vielmehr die allgemeine Fluchtbewegung der Spiralnebel vom Standpunkt der klassischen und relativistischen Mechanik ein natürliches Phänomen ist. Eine Entscheidung zwischen den verschiedenen theoretischen Modellen führt zur Zeit zur völligen Überspannung der Beobachtungen und der schematischen Theorie.

Dritter Teil.

Kinematische Kosmologie.

19. Der Standpunkt der MILNEschen Theorie.

MILNE hat seiner LORENTZinvarianten Kosmologie das Buch „Relativity, Gravitation, and World-Structure", Oxford 1935, gewidmet[1], das die sachliche und die polemische Stellung seines Verfassers im Zusammenhang mit vielen, nur lose mit der Kosmologie verknüpften philosophischen Spekulationen schildert. Nach 1935 hat MILNE dann,

[1] Im folgenden als WS zitiert.

teilweise unterstützt von einigen Mitarbeitern, seine Theorie immer weiter ausgebaut zu einer vollständig neuen Mechanik, Gravitationstheorie und Elektrodynamik. Im folgenden wird bewußt verzichtet auf die Wiedergabe dieser letzten Entwicklungen, die durchaus das Gebiet der theoretischen Physik betreffen; selbst der Gehalt des Buches von 1935 kann nur aufs äußerste zusammengedrängt dargestellt werden, obwohl es lohnend wäre, neue Wendungen in die MILNEsche Behandlung der Probleme hineinzutragen. Eine Angleichung der Bezeichnungen an die Teile I und II wurde nicht vorgenommen, um mit den Arbeiten MILNES leichter vergleichbar zu bleiben.

Die dynamische und die metrische Kosmologie der beiden vorhergehenden Teile I und II hatten gemeinsam, daß sie ausgingen von differentiellen Grundgesetzen, welche beanspruchen, angemessene Formulierungen für die lokalen Erfahrungen mechanischer Art in unserer Umgebung zu bieten. Diese Grundgesetze sollten auch das weltweite Substrat der das All erfüllenden Materie regieren. Um zu einem definitiven, wenn auch gegenüber der Wirklichkeit vielleicht zu einfachen Modell zu gelangen, wurde gefordert, daß das Homogenitäts- oder Weltpostulat gelten möge, d. h. daß verschiedene zulässige Beobachter in entsprechenden Punkten zu gleicher Zeit die gleichen physikalischen (Makro-) Vorgänge ablaufen sehen. Es sei hier noch einmal betont, daß die Homogenität eine vereinfachende Zusatzforderung darstellte, die leicht durch eine kompliziertere Forderung ersetzt werden könnte.

Umgekehrt in der MILNEschen Kosmologie: An ihrer Spitze steht das Homogenitätspostulat in der Form, daß die Welt für jeden Beobachter einer dreifach unendlichen Schar den gleichen „Anblick" bieten solle. Dabei wird die Transformationsgruppe, gegenüber welcher die Invarianz verlangt wird, auf Grund eines interessanten Komplexes von Voraussetzungen von vornherein als die LORENTZ-Gruppe festgelegt. Die zulässigen oder Fundamentalbeobachter, die mit den Elementen des Weltsubstrats verknüpft gedacht werden, bewegen sich also alle relativ zueinander gleichförmig und geradlinig. Und zwischen den Koordinaten, die irgend zwei von ihnen einem und demselben Ereignis zuschreiben, besteht die Beziehung

$$(1) \qquad x' = \frac{x - Ut}{\sqrt{1 - U^2}}; \qquad y' = y; \qquad z' = z; \qquad t' = \frac{t - Ux}{\sqrt{1 - U^2}},$$

wenn die x-Richtung in die Verbindungslinie beider gelegt wird und die Relativgeschwindigkeit U ist. Wir setzen die Lichtgeschwindigkeit c der Einfachheit halber gleich Eins. — Im Gegensatz zu den beiden früher vorgetragenen Theorien wird vorläufig gar nicht festgelegt, nach welchen Elementargesetzen der Ablauf mechanischer Vorgänge erfolgen soll, sondern es wird verlangt, daß der makroskopische Ablauf der Welt invariant gegenüber (1) sein soll: Die Homogenität ist der unveränderliche Rahmen, in welchen die evtl. später aufzustellenden Bewegungsgesetze eingebaut werden. Der Gegensatz kann kaum größer sein: Früher wurden die lokal empirisch bewährten Grundgesetze (Erhaltung von Masse und Impuls, POISSONsche Gleichung oder die Feldgleichungen) extrapoliert und versuchsweise auf ein homogenes Modell angewandt. Jetzt haben die noch unbekannten Grundgesetze vor allem die Invarianz gegenüber der Transformation (1) aufzuweisen, derart, daß direkt aus einer etwa bekannt werdenden Verletzung der so hergeleiteten Bewegungsgesetze in einem lokalen Bereich auf die Ungültigkeit der Homogenität im großen geschlossen werden müßte. Die Grundgesetze verdanken ihre Gültigkeit also zunächst nicht einer empirischen Bewährung, sondern einer axiomatischen Festsetzung. Man kann ohne Zweifel die Geometrisierung des physikalischen Phänomens der Gravitation in der allgemeinen Relativitätstheorie einen Formalismus nennen. In der MILNEschen Kosmologie aber wird ein formales Axiom zum Maßstab für die Gültigkeit der Formulierung eines Naturgesetzes gemacht. Es ist der mehrfach von MILNE selbst betonte Anspruch seiner Theorie, daß sie die Naturgesetze a priori liefere, ohne ein Zurückgreifen auf die Erfahrung. Typisch ist die von MILNE selbst gewählte Bezeichnung seiner Theorie als einer „Arithmetisierung" der Physik.

20. Das einfache hydrokinematische Weltmodell.

a) Das Strömungsfeld.

Wir wollen das Weltpostulat auf einen besonderen Fall anwenden, der völlig der Fragestellung des Abschn. 3 entspricht. Es sei also die 3fache Schar der Fundamentalbeobachter gegeben[1], von welchen je zwei durch Transformationsformeln der Form (1) bzw. der analogen mit Relativgeschwindigkeiten in der y- und z-Richtung miteinander verbunden sind. Jeder sieht in seiner Umgebung das Weltsubstrat strömen und beschreibt diese Strömung durch den Vektor $\overline{\mathfrak{V}}(\mathfrak{r}, t)$ mit den Komponenten

$$(2)\qquad \bar{u}(x, y, z, t); \quad \bar{v}(x, y, z, t); \quad \bar{w}(x, y, z, t).$$

Nach dem Additionstheorem der Geschwindigkeiten ist

$$(3,1)\text{ bis }(3,3)\qquad \bar{u}' = \frac{\bar{u} - U}{1 - \bar{u}U}; \quad \bar{v}' = \frac{\bar{v}\sqrt{1 - U^2}}{1 - \bar{u}U}; \quad \bar{w}' = \frac{\bar{w}\sqrt{1 - U^2}}{1 - \bar{u}U}$$

[1] Von der Isotropie des Modells, welche Invarianz gegenüber der gewöhnlichen Drehgruppe fordert, wird als einer Selbstverständlichkeit nicht weiter geredet, so daß wir mit der Betrachtung der sog. speziellen LORENTZ-Gruppe (1) auskommen werden.

mitsamt sechs analogen Gleichungen für die Relativbewegung in der y- und z-Richtung. (3, 1) z. B. stellt den Zusammenhang her zwischen den Beobachtungen des Beobachters $A(x, y, z, t)$ und denjenigen von $A'(x', y', z', t')$ über ein und denselben Punkt, in welchem A die Strömungskomponente $\bar{u}$, A' die Komponente $\bar{u}'$ wahrnimmt.

Jetzt wird auf Grund des Weltpostulats verlangt, daß der Strömungsvektor universellen Charakter habe, d. h. daß $\bar{u}', \bar{v}', \bar{w}'$ von x', y', z', t' genau so abhängen wie $\bar{u}, \bar{v}, \bar{w}$ von x, y, z, t. Der Akzent an $\bar{u}', \bar{v}', \bar{w}'$ kann und muß also fortgelassen werden. Dann liefert (3) für die ∞^3-fache Schar der Fundamentalbeobachter einen Satz von neun Funktionalgleichungen[1].

(4, 1) bis (4, 3)
$$\frac{\bar{u}(x, y, z, t) - U}{1 - \bar{u}(x, y, z, t)\,U} = \bar{u}\left(\frac{x - Ut}{\sqrt{1 - U^2}}, y, z, \frac{t - Ux}{\sqrt{1 - U^2}}\right)$$
und entsprechende Gleichungen in $\bar{v}$ und $\bar{w}$,

(4, 4) bis (4, 6)
$$\frac{\bar{u}(x, y, z, t)\sqrt{1 - V^2}}{1 - \bar{u}(x, y, z, t)\,V} = \bar{u}\left(x, \frac{y - Vt}{\sqrt{1 - V^2}}, z, \frac{t - Vy}{\sqrt{1 - V^2}}\right)$$
und entsprechende Gleichungen in $\bar{v}$ und $\bar{w}$,

(4, 7) bis (4, 9)
$$\frac{\bar{u}(x, y, z, t)\sqrt{1 - W^2}}{1 - \bar{u}(x, y, z, t)\,W} = \bar{u}\left(x, y, \frac{z - Wt}{\sqrt{1 - W^2}}, \frac{t - Wz}{\sqrt{1 - W^2}}\right)$$
und entsprechende Gleichungen in $\bar{v}$ und $\bar{w}$.

Die Parameter U, V, W können hier beliebige Werte annehmen; wählt man sie insbesondere infinitesimal, so erhält man (unter der Voraussetzung der Stetigkeit der zweiten Ableitungen der Funktionen $\bar{u}, \bar{v}, \bar{w}$ nach x, y, z, t) das folgende System partieller Differentialgleichungen 1. Ordnung:

(5, 1) bis (5, 3)
$$\left\{\begin{aligned} &x\frac{\partial \bar{u}}{\partial t} + t\frac{\partial \bar{u}}{\partial x} = 1 - \bar{u}^2; \quad x\frac{\partial \bar{v}}{\partial t} + t\frac{\partial \bar{v}}{\partial x} = -\bar{u}\,\bar{v};\\ &x\frac{\partial \bar{w}}{\partial t} + t\frac{\partial \bar{w}}{\partial x} = -\bar{u}\,\bar{w},\end{aligned}\right.$$

(5, 4) bis (5, 6)
$$\left\{\begin{aligned} &y\frac{\partial \bar{u}}{\partial t} + t\frac{\partial \bar{u}}{\partial y} = -\bar{v}\,\bar{u}; \quad y\frac{\partial \bar{v}}{\partial t} + t\frac{\partial \bar{v}}{\partial y} = 1 - \bar{v}^2;\\ &y\frac{\partial \bar{w}}{\partial t} + t\frac{\partial \bar{w}}{\partial y} = -\bar{v}\,\bar{w};\end{aligned}\right.$$

(5, 7) bis (5, 9)
$$\left\{\begin{aligned} &z\frac{\partial \bar{u}}{\partial t} + t\frac{\partial \bar{u}}{\partial z} = -\bar{w}\,\bar{u}; \quad z\frac{\partial \bar{w}}{\partial t} + t\frac{\partial \bar{w}}{\partial z} = -\bar{w}\,\bar{v};\\ &z\frac{\partial \bar{w}}{\partial t} + t\frac{\partial \bar{w}}{\partial z} = 1 - \bar{w}^2.\end{aligned}\right.$$

Betrachten wir (5, 1): Die Gleichung ist homogen in x und t, d. h. $\bar{u}$ hängt, soweit diese Gleichung in Frage kommt, nur vom Verhältnis x/t

[1] MILNE: Z. Astrophys. 6, 1—95 (1933), Gleichung (128) ff. MILNE stellt dieselben Funktionalgleichungen zwar auf, löst sie aber nicht und kommt später nicht mehr auf das Problem zurück. Vgl. auch Abschn. 24c.

ab. Führt man dieses Verhältnis als unabhängige Variable ein, so bekommt man eine gewöhnliche Differentialgleichung, die sofort gelöst werden kann. Man erhält

$$\bar{u} = \frac{\frac{x}{t} + \alpha(y, z)}{1 + \frac{x}{t}\alpha(y, z)}, \tag{6, 1}$$

wo α eine nur y und z enthaltende Integrationskonstante ist. Ebenso erhält man für $\bar{v}$ und $\bar{w}$ aus (5, 5) und (5, 9)

$$\bar{v} = \frac{\frac{y}{t} + \beta(x, z)}{1 + \frac{y}{t}\beta(x, z)}; \tag{6, 2}$$

$$\bar{w} = \frac{\frac{z}{t} + \gamma(x, y)}{1 + \frac{z}{t}\gamma(x, y)}. \tag{6, 3}$$

Tatsächlich ist aber das ganze System (5) in den Variablen x, y, z, t homogen; $\bar{u}, \bar{v}, \bar{w}$ können also als Argumente nur drei Verhältnisse dieser vier Variablen haben. Ohne Einschränkung der Allgemeinheit nehmen wir an, die Argumente seien $\frac{x}{t}, \frac{y}{t}, \frac{z}{t}$. Dann müssen auch α, β, γ von den entsprechenden Argumenten abhängen, z. B. muß sein $\alpha = \alpha\left(\frac{y}{t}, \frac{z}{t}\right)$. Andererseits darf α nicht t enthalten; somit ist $\alpha = \alpha\left(\frac{z}{y}\right)$. Ebenso wird $\beta = \beta\left(\frac{x}{z}\right)$; $\gamma = \gamma\left(\frac{y}{x}\right)$. Geht man jetzt mit (6) in die noch nicht benutzten Gleichungen (5, 2) bis (5, 8) ein, so bekommt man sechs gewöhnliche Differentialgleichungen 1. Ordnung für α, β, γ. Zwischen je zweien von ihnen kann man die Ableitungen α', β', γ' eliminieren und erhält das folgende System *algebraischer* Gleichungen für α, β, γ:

$$\frac{(1-\alpha^2)(y^2+z^2)}{(x+\alpha)(1+x\alpha)} = \frac{y}{x}\,\frac{y+\beta}{1+y\beta} + \frac{z}{x}\,\frac{z+\gamma}{1+z\gamma}, \tag{7, 1}$$

$$\frac{(1-\beta^2)(z^2+x^2)}{(y+\beta)(1+y\beta)} = \frac{z}{y}\,\frac{z+\gamma}{1+z\gamma} + \frac{x}{y}\,\frac{x+\alpha}{1+x\alpha}, \tag{7, 2}$$

$$\frac{(1-\gamma^2)(x^2+y^2)}{(z+\gamma)(1+z\gamma)} = \frac{x}{z}\,\frac{x+\alpha}{1+x\alpha} + \frac{y}{z}\,\frac{y+\beta}{1+y\beta}. \tag{7, 3}$$

Diese Gleichungen müssen für alle x, y, z gelten. Gehen wir aus von einem Punkte $x \neq 0, y, z$ längs der von ihm in den Nullpunkt führenden Geraden, auf welcher also $y/x = b$ und $z/x = c$ konstant sind, so ändern sich dabei die α, β, γ offenbar nicht. Rücken wir dann in den Nullpunkt hinein, so erhalten wir aus (7) die drei Gleichungen

$$\begin{cases} b\beta + c\gamma = 0, \\ c\gamma + \alpha \phantom{{}+b\beta} = 0, \\ \alpha + b\beta = 0, \end{cases} \tag{8}$$

die die einzige Lösung $\alpha = \beta = \gamma = 0$ haben. Da die Funktionen längs der ganzen Geraden konstant sind, und da die Gerade völlig willkürlich war, so ist identisch in x, y, z

$$\alpha \equiv \beta \equiv \gamma \equiv 0. \tag{9}$$

Die einzige Lösung des Systems der Funktionalgleichungen (4) ist somit

$$\bar{u} = \frac{x}{t}; \quad \bar{v} = \frac{y}{t}; \quad \bar{w} = \frac{z}{t}. \tag{10}$$

Dieses Strömungsfeld gehorcht also dem Weltpostulat, es hat universellen Charakter.

b) Die Dichte.

Für die Kinematik des Weltsubstrats ist ferner wichtig die Frage nach der Dichte $n(x, y, z, t)$ von Partikeln, deren Strömung für jeden Fundamentalbeobachter durch (10) beschrieben wird. Man erhält diese Dichte durch eine LORENTZinvariante skalare Funktion $\varrho(x, y, z, t)$ der Weltkoordinaten, die, mit einem invarianten Volumelement dV multipliziert, die invariante Teilchenzahl liefert. Nun ist das einzige invariante Volumelement

$$dV = dx\,dy\,dz\,\frac{dt}{ds}, \tag{11}$$

wo

$$ds^2 = dt^2 - dx^2 - dy^2 - dz^2 \tag{12}$$

und nach (10)

$$dt : dx : dy : dz = t : x : y : z. \tag{13}$$

Ferner ist

$$X = t^2 - x^2 - y^2 - z^2 \tag{14}$$

die einzige invariante Funktion der Koordinaten, jede andere kann nur von dieser abhängen; also ist

$$n(x, y, z, t)\,dx\,dy\,dz = \varrho(X)\,dV \tag{15}$$

die invariante Teilchenzahl im Volumelement $dx\,dy\,dz$ zur Zeit t. n selbst ist nicht invariant, ebensowenig wie $dx\,dy\,dz$. Andererseits fordern wir, daß die zeitliche Änderung der Teilchenzahl nur durch Ein- bzw. Ausströmen durch die Wände des Volumelementes erfolgen kann, daß also Erhaltung der Teilchen gelten soll. Dann muß n die Kontinuitätsgleichung erfüllen

$$\frac{\partial n}{\partial t} + \frac{\partial(n\bar{u})}{\partial x} + \frac{\partial(n\bar{v})}{\partial y} + \frac{\partial(n\bar{w})}{\partial z} = 0. \tag{16}$$

Setzt man hierin ein [nach (11) bis (15)]

$$n = \frac{\varrho(X)}{\frac{ds}{dt}} = \frac{t\varrho(X)}{X^{\frac{1}{2}}}, \tag{17}$$

so kommt

(18) $$\varrho = B X^{-\frac{3}{2}}, \qquad X = t^2 - x^2 - y^2 - z^2,$$

wo B eine dimensionslose Konstante ist. Demnach ist

(19) $$n\,dx\,dy\,dz = \frac{Bt}{X^2}\,dx\,dy\,dz$$

die invariante Teilchenzahl im Volumelement $dx\,dy\,dz$.

Die Gleichungen (10) und (19) beschreiben Strömung und Dichte des Weltsubstrats. Die anschauliche Deutung von (10) ist klar (man vgl. auch Abschn. 5): Jeder Fundamentalbeobachter sieht das Substrat radial strömen mit konstanter Geschwindigkeit eines festen, gerade ins Auge gefaßten Elementes. In einem festen Zeitpunkt t aber ist die Strömung proportional zur Entfernung. Die Dichte dagegen[1] nimmt für festes x, y, z monoton ab und verschwindet für $t \to \infty$. Bei festem t dagegen ist sie für kleine x, y, z homogen, wächst dann monoton und wird ∞, wenn $X \to 0$ geht. Ganz allgemein ist $X = 0$ die invariante, mit Lichtgeschwindigkeit forteilende Grenze der Welt, die nicht überschritten wird durch eine Materiepartikel[2].

21. Freie Partikeln und ihre Statistik.

a) Die Bewegungsgleichungen.

Genau so wie im ersten Teil führen wir jetzt freie Partikeln ein. Das Fundamentalsubstrat besteht ja nur aus gleichförmig gegeneinander bewegten Elementen, deren jedes mit einem der ∞^3 äquivalenten Beobachter verknüpft gedacht werden muß. Doch können wir nicht einfach sagen, daß zwischen zwei Elementen des Substrats ein bestimmtes Potential herrsche, unter dessen Einwirkung sich eine beliebige Partikel in der oder jener Weise bewege. Wenn ein Beobachter A eine Partikel P an der Stelle x, y, z, t sieht und im weiteren verfolgt, so soll nur vorausgesetzt werden, daß er diese Bewegung immer beschreiben kann durch ein System von drei Differentialgleichungen 2. Ordnung, welche die Beschleunigung

(20) $$\frac{d^2\mathfrak{r}}{dt^2} = \frac{d\mathfrak{v}}{dt} = \mathfrak{g}(\mathfrak{r}, \mathfrak{v}, t); \qquad \frac{d\mathfrak{r}}{dt} = \mathfrak{v}$$

als Funktion von Koordinaten, Geschwindigkeit und Zeit beschreiben. Diese Voraussetzung bedeutet, daß der Ablauf der Bewegung eines

---

[1] Milne benutzt durchweg die nichtinvariante Dichte n statt der invarianten ϱ. Die hohe Intelligenz, die die Fundamentalbeobachter bei Aufstellung der Lorentz-Transformationen als Übersetzungsschlüssel ihrer Beobachtungen bewiesen, macht es wahrscheinlich, daß die wesentlichen Invarianten der Gruppe ihnen nicht verborgen blieben. Man darf die Hypothese wagen, daß sie mit $\varrho(X)$ statt mit n rechnen und mit dV statt mit $dx\,dy\,dz$.

[2] Eine Zusammenstellung der wesentlichen Züge dieses einfachen hydrokinematischen Modells in Milne: WS, § 112.

Massenpunktes vollständig bekannt sein soll, wenn zu irgendeiner Zeit sein Ort und seine Geschwindigkeit vorgegeben wird. Damit ist natürlich eine kleine Anleihe bei der herkömmlichen Dynamik gemacht. Ein Fundamentalbeobachter A', der relativ zu A die Geschwindigkeit U in der x-Richtung hat, beobachtet für die gleiche Partikel eine Beschleunigung $\mathfrak{g}'(\mathfrak{r}', \mathfrak{v}', t)$. Sind f, g, h die Komponenten von $\mathfrak{g}$ und f', g', h' die Komponenten von $\mathfrak{g}'$, so gilt nach den aus (1) folgenden Transformationsformeln für Beschleunigungen (MILNE: WS S. 93):

$$(21)\qquad \begin{cases} f' = \dfrac{(1-U^2)^{\frac{3}{2}}}{(1-uU)^3} f, \\[2ex] g' = \dfrac{1-U^2}{(1-uU)^2} g + \dfrac{1-U^2}{(1-uU)^3} v U f, \\[2ex] h' = \dfrac{1-U^2}{(1-uU)^2} h + \dfrac{1-U^2}{(1-uU)^3} w U f. \end{cases}$$

Die Formeln rechnen nur die Aussagen von A um in solche von A' für die gleiche Partikel P. Nun tritt wieder das Weltpostulat in Kraft. Dieses wird im vorliegenden Falle angewandt in der Form: Sieht A in einem Weltpunkt (x, y, z, t) eine Partikel P von bestimmter Geschwindigkeit $\mathfrak{v}: u, v, w$, so soll eine Partikel P', welche für A' die gleichen Weltkoordinaten und Geschwindigkeiten hat wie P für A, auch die gleiche Beschleunigung relativ zu A' haben wie P relativ zu A. D. h. kurz, daß die Funktion $\mathfrak{g}'(\mathfrak{r}', \mathfrak{v}', t')$ von ihren Argumenten ebenso abhängen soll wie $\mathfrak{g}$ von $\mathfrak{r}, \mathfrak{v}, t$. Das Funktionentripel f, g, h soll also wieder universellen Charakter tragen. Durch das damit geforderte Fortlassen der Akzente auf den linken Seiten von (21) wird so ein System von Funktionalgleichungen für die Funktionen f, g, h gewonnen, das noch um sechs weitere vermehrt wird durch die Transformationen in der y- und z-Richtung. Als einzige Lösung ergibt sich[1]

$$(22)\qquad \mathfrak{g} = (\mathfrak{r} - \mathfrak{v}\, t) \frac{Y}{X} G(X, \xi),$$

wo $\mathfrak{r}$ der Ortsvektor x, y, z; $\mathfrak{v}$ der Vektor u, v, w der individuellen Partikelgeschwindigkeit und

$$(23)\qquad X = t^2 - \mathfrak{r}^2; \quad Y = 1 - \mathfrak{v}^2; \quad Z = t - (\mathfrak{v}\mathfrak{r}); \quad \xi = \frac{Z^2}{XY}$$

ist. G ist eine noch unbestimmte Funktion seiner beiden Argumente. X ist eine Invariante gegenüber (1) von der Dimension cm². ξ ist invariant gegenüber der simultanen Transformation (1) und (3) und ist dimensionslos. Um die Funktion G einzuschränken, macht MILNE eine sehr weit reichende neue Annahme:

[1] Die Herleitung von (22) zum ersten Male a. a. O., vgl. S. 80 Anm. 1. Der im Text angedeutete Weg in MILNE: WS, § 99. — Siehe auch MILNE: Proc. Roy. Soc. London (A) **156**, 62 (1936); insbesondere Abschn. 12. — WHITROW: Z. Astrophys. **13**, 117ff. (1937).

G selbst ist dimensionslos, hängt aber von X (Dimension cm^2) ab; also müßte eine *universelle Konstante* l von der Dimension einer Länge eingeführt werden, um G von Xl^{-2} abhängen zu lassen, weil eine dimensionslose Funktion kein dimensionsbehaftetes Argument haben kann. Universelle Konstante aber haben in einer nur auf kinematischen Axiomen ruhenden Theorie nach MILNE keinen Platz; in ihnen steckt ein überflüssiges empirisches Element. Deshalb wird angenommen, daß G von der Form $G(\xi)$ sei, von X also gar nicht abhänge. Diese Annahme heißt die *Dimensionshypothese.*

Somit lauten die Bewegungsgleichungen einer freien Partikel in der MILNEschen Kosmologie endgültig:

$$\frac{d\mathfrak{v}}{dt} = (\mathfrak{r} - \mathfrak{v}t)\frac{Y}{X}G(\xi). \tag{24}$$

Die Gleichungen sind nicht mehr allein invariant gegenüber der 6-parametrigen LORENTZ-Gruppe, sondern infolge der Dimensionshypothese auch gegenüber Streckungen des vierdimensionalen Koordinatensystems der x, y, z, t. Infolge ihrer Invarianzeigenschaften können die Gleichungen vollständig integriert werden ohne nähere Kenntnis der Form von $G(\xi)$[1]. Wir gehen nicht weiter auf die Eigenschaften der Bahnkurven ein und bemerken hier nur, daß eine partikuläre Lösung von (24) lautet $\mathfrak{r} = \mathfrak{v}t$; offenbar bezieht sie sich aber auf die Fundamentalpartikeln, die die Beschleunigung Null haben.

b) Die BOLTZMANNsche Gleichung.

Die neue Frage taucht auf, ob es möglich ist, eine statistische Gesamtheit von freien Partikeln so aufzubauen, daß die Größe $f(x, y, z, u, v, w, t)\, dx\, dy\, dz\, du\, dv\, dw$, welche die Zahl von Partikeln im Raumbereich $x \pm \frac{1}{2}dx;\ y \pm \frac{1}{2}dy;\ z \pm \frac{1}{2}dz$ mit Geschwindigkeiten im Bereich $u \pm \frac{1}{2}du;\ v \pm \frac{1}{2}dv;\ w \pm \frac{1}{2}dw$ beschreibt, für alle Fundamentalbeobachter denselben Wert hat. Die Transformationen (1) und (3) liefern zunächst

$$dx'\,dy'\,dz'\,du'\,dv'\,dw' = \frac{(1-U^2)^{\frac{5}{2}}}{(1-uU)^5}\,dx\,dy\,dz\,du\,dv\,dw.$$

Ferner gilt für die in (23) definierte Größe Y das Transformationsgesetz

$$Y'^{\frac{5}{2}} = Y^{\frac{5}{2}}\frac{(1-U^2)^{\frac{5}{2}}}{(1-uU)^5}; \tag{25}$$

somit ist

$$Y'^{-\frac{5}{2}}\,dx'\,dy'\,dz'\,du'\,dv'\,dw' = Y^{-\frac{5}{2}}\,dx\,dy\,dz\,du\,dv\,dw$$

[1] Diskussion der Integrale und der Bahnkurven in MILNE: WS, Teil III. WALKER hat gezeigt, daß (24) sich aus einem invarianten Variationsprinzip herleiten läßt [Proc. Roy. Soc. London (A) **147**, 478 (1934)]. Damit wird die Integration der Gleichungen sofort durch Differentiationsprozesse möglich, worauf WALKER aber nicht eingeht.

eine Differentialinvariante bei den simultanen Transformationen (1) und (3). Setzt man also

$$f(x, y, z, u, v, w, t)\, dx\, dy\, dz\, du\, dv\, dw = Y^{-\frac{5}{2}} \Phi(X, \xi)\, dx\, dy\, dz\, du\, dv\, dw,$$

wo X und ξ die beiden durch (23) definierten endlichen Invarianten von (1) und (3) sind und die Funktion Φ beliebig von ihren Argumenten abhängen darf, so ist die Aufgabe gelöst. MILNE schreibt[1]

$$f = X^{-\frac{3}{2}} Y^{-\frac{5}{2}} \Psi(X, \xi), \tag{26}$$

um eine dimensionslose Funktion Ψ zur Charakterisierung der gesuchten Verteilung zu haben und wendet auf Ψ wieder die obenerwähnte *Dimensionshypothese* an, die dann die Unabhängigkeit der Funktion Ψ von X nach sich zieht. Somit charakterisiert nach MILNE endgültig

$$f\, dx\, dy\, dz\, du\, dv\, dw = X^{-\frac{3}{2}} Y^{-\frac{5}{2}} \Psi(\xi)\, dx\, dy\, dz\, du\, dv\, dw \tag{27}$$

die gesuchte LORENTZinvariante Verteilung von Koordinaten und Geschwindigkeiten.

Diese Verteilungsfunktion muß aber dem Gesetz von der Erhaltung der Partikelzahl im Phasenraum (x, y, z, u, v, w) genügen, welches lautet

$$\frac{\partial f}{\partial t} + \frac{\partial (f\mathfrak{v})}{\partial \mathfrak{r}} + \frac{\partial (f\mathfrak{g})}{\partial \mathfrak{v}} = 0, \tag{28}$$

wo in einer durchsichtigen Schreibweise der 2. Term die Divergenz des Vektors $f\mathfrak{v}$ im Koordinatenraum und der 3. Term die Divergenz von $f\mathfrak{g}$ im Geschwindigkeitsraum bedeutet. Es ist nur nötig, in (28) sowohl (27) wie auch (24) einzusetzen, um eine Beziehung zwischen $G(\xi)$ und $\Psi(\xi)$ in Form einer gewöhnlichen Differentialgleichung zu erhalten, die sofort integriert werden kann und mit der Integrationskonstanten C liefert[2]:

$$G(\xi) = -1 - \frac{C}{(\xi - 1)^{\frac{3}{2}} \Psi(\xi)}. \tag{29}$$

Eine Beziehung zwischen den in (22) und (26) zunächst auftauchenden willkürlichen Funktionen zweier Argumente war ja infolge der durch (28) hergestellten Verbindung zu erwarten. Durch die Dimensionshypothese aber ergibt sich die große Einfachheit der Beziehung (29).

22. Die Dynamik in der kinematischen Theorie.

Nun sind, nach MILNE, auf einmal ganz neue Deutungen möglich: Die LORENTZinvariante Verteilung der Partikeln bestimmt ihre Beschleunigung. Also scheinen in den Betrachtungen — obwohl sie, wie MILNE meint, rein kinematischer Natur sind — die Elemente einer Gravitationstheorie enthalten zu sein; nicht einer allgemeinen, die die

[1] MILNE: WS S. 176.
[2] MILNE: WS S. 180.

Wirkung beliebiger Materieverteilungen zu ermitteln erlaubt, aber immerhin einer solchen, die aus jeder LORENTZinvarianten Partikelverteilung auf die in ihr allein möglichen Beschleunigungen schließt (unter Hinzunahme der Dimensionshypothese), damit also mindestens in diesem Spezialfall das charakteristische Kennzeichen einer Gravitationstheorie trägt[1]. Ein „Massen"begriff ist dabei nirgends benutzt worden.

Um klare Ausdrucksmöglichkeiten zu haben, wollen wir die einfache hydrokinematische Gesamtheit der Fundamentalbeobachter, die wir in Abschn. 21 beschrieben, mit MILNE das „Substrat" nennen, während die kompliziertere, statistisch beschriebene Gesamtheit der freien Partikeln, die durch (27), (28), (29) charakterisiert wird, nach MILNE „Universum" heißen soll.

Dann verbindet MILNE mit den Beziehungen (24) und (29) folgende Vorstellungen: Bei der Ableitung von (24) denkt man sich zunächst nur die Fundamentalbeobachter anwesend und etwa bei jedem *eine* Testpartikel an der homologen Stelle für jeden von ihnen. Dann ist das „Substrat" zwar vollständig, das „Universum" aber noch nicht. Eine Funktion $\Psi(\xi)$ ist überhaupt noch nicht definierbar. Trotzdem hat schon jetzt jede Partikel eine Beschleunigung $\neq 0$. Denkt man sich nach und nach immer mehr Partikeln hinzu und baut so das „Universum" allmählich auf, so ändert sich [nach (29)] mit der Veränderung von Ψ auch G. Für den Ausgangszustand aber, der zunächst nicht mit (29) erfaßt werden kann, setzt MILNE die Konstante $C = 0$, d. h. $G(\xi) \equiv -1$, d. h. kurz ausgedrückt, die Gravitationswirkung des Substrats allein wird durch $G \equiv -1$ charakterisiert. Dafür ist ein „Beweis" nicht erbringbar. Aber die von MILNE ausgearbeiteten dynamischen Konsequenzen dieser Annahme lassen sie ihm als sehr empfehlenswert erscheinen. Wir begnügen uns hier mit dem folgenden näherungsweisen Vergleich mit der NEWTONschen Mechanik eines völlig freien Massenpunktes[2]. Aus (24) folgt, wenn $|\mathfrak{r}| \ll t$ und $|\mathfrak{v}| \ll 1$, genähert

$$\dot{\mathfrak{v}} = -\frac{1}{t^2}(\mathfrak{r} - \mathfrak{v}t), \tag{30}$$

sofern man, wie beschrieben, nur eine Testpartikel annimmt, die vom Substrat allein beherrscht wird. Eine solche Partikel heiße „frei".

[1] Tatsächlich hat MILNE die Gleichungen (24) und (29) einer ganzen Neubegründung der Dynamik und des Gravitationsgesetzes zugrunde gelegt (siehe Literaturverz. Nr. 93, 94, 118). Über die Tragweite der Dimensionshypothese ist sich MILNE völlig im klaren. Den Fall $G(X, \xi)$, der noch die Einführung einer universellen Konstanten verlangt, lehnt er nicht völlig a priori ab, sondern erklärt sich für so viel stärker an dem ohne eine universelle Konstante durchführbaren Fall $G(\xi)$ interessiert, daß er bisher diesem allein seine Aufmerksamkeit zuwendet.

[2] Zur folgenden Betrachtung vgl. MILNE: The acceleration-formula for a substratum and the principle of inertia. Quart. J. Math., Oxford Ser. **8**, 22 (1937).

Man kann (30) in der Form

(31) $$\frac{d^2\mathfrak{x}}{d\tau^2} = 0$$

schreiben, wenn man

(31a) $$\frac{dt}{t} = \frac{d\tau}{t_0}$$

und

(31b) $$\mathfrak{r} = \frac{t}{t_0}\mathfrak{x}$$

setzt. Die Einführung dieser Variablen bringt also die (ohne Berufung auf die Empirie gewonnene) MILNEsche Bewegungsgleichung für eine freie Partikel (innerhalb der betrachteten Näherung) in die NEWTONsche Form, die die Beschleunigungsfreiheit aussagt. t_0 ist der augenblickliche Zeitpunkt von t. Der Übergang von (30) auf (31) ist auch noch möglich, wenn man die Voraussetzung kleiner $\mathfrak{r}$ und $\mathfrak{v}$ verläßt. Allerdings wird man dann gezwungen, hyperbolische Raummetrik statt euklidischer einzuführen[1]. MILNE sagt also, in seiner Dynamik sei die MACHsche Forderung erfüllt, daß das Trägheitsgesetz für die Bewegung eines Punktes von den übrigen Massen der Welt abhängen müsse, was die klassische Mechanik in der Interpretation NEWTONS nicht leistet.

Eine astronomisch wesentliche Seite der Theorie ist nach MILNE die Möglichkeit, zwanglos die Ausbildung von großen Sternansammlungen zu verstehen. Man beachte zunächst, daß die Bedingung für eine Fundamentalpartikel $\mathfrak{r} = \mathfrak{v}t$ lautet; dann ist also für eine solche nach (23) $\xi = 1$. Wegen

(32) $$\Psi(\xi) = \frac{-C}{(\xi - 1)^{\frac{3}{2}}(1 + G(\xi))}$$

hat dann Ψ an dieser Stelle eine Singularität; die Zahl der Partikeln des statistischen Systems (im Phasenraum) zeigt eine Anhäufung in der Umgebung der Fundamentalpartikel. Somit trage — meint MILNE — jede Fundamentalpartikel eine Wolke von Zusatzpartikeln um sich herum. Identifiziert man die einen mit den Kernen von außergalaktischen Nebeln, so sind die anderen die Sterne der weiteren Hülle oder der Spiralarme.

MILNE geht von diesem Bilde aus zu einer Neubegründung des NEWTONschen Gravitationsgesetzes[2]. Wie wir oben ausführten, liefert

[1] MILNE: Kinematics, dynamics, and the scale of time. II. Proc. Roy. Soc. London (A) **159**, 171 (1937). Die Einführung der hyperbolischen Geometrie zur Deutung der LORENTZinvarianten Kinematik ist außerordentlich naheliegend und bereits 1910 von VARIČAK bemerkt worden [Physik. Z. **11**, 93, 287, 586 (1910) sowie zahlreiche Arbeiten in den Agramer Akademieberichten]. Sie würde auch erlauben, das in Abschn. 20 behandelte hydro-kinematische Weltmodell stark zu vereinfachen.

[2] MILNE: The inverse square law of gravitation. Proc. Roy. Soc. London (A) **156**, 62 (1936); **160**, 1 u. 24 (1937). Der Text lehnt sich an die erste der Arbeiten an.

die Zerspaltung der Beschleunigungsformel (24) in zwei scharf getrennte Teile [nach (29)]

(33) $$\mathfrak{g} = \mathfrak{g}_1 + \mathfrak{g}_2,$$

(34) $$\mathfrak{g}_1 = -(\mathfrak{r} - \mathfrak{v}t)\frac{Y}{X},$$

(35) $$\mathfrak{g}_2 = -(\mathfrak{r} - \mathfrak{v}t)\frac{Y}{X}\frac{C}{(\xi - 1)^{\frac{3}{2}}\Psi(\xi)},$$

in $\mathfrak{g}_1$ die Gravitationswirkung des Fundamentalsubstrats, in $\mathfrak{g}_2$ diejenige des statistischen Systems der Zusatzpartikeln. Da Ψ zu unserer Verfügung ist, um irgendwelche Massenansammlungen zu beschreiben, wählen wir es so, daß bei $\xi = 1$ eine starke Anhäufung, aber keine wirkliche Singularität liegt (Begründung bei MILNE: Man hat bisher Kollisionen zwischen Zusatzpartikeln vernachlässigt, würde man sie berücksichtigen, verschwände die Singularität bei $\xi = 1$[1]). So sei etwa

$$\Psi(\xi) = \Psi(1)\,e^{-\frac{(\xi-1)^2}{a^2}},$$

wo a eine beliebig kleine Konstante ist, so daß die Konzentration in der Umgebung von $\xi = 1$ beliebig hoch gemacht werden kann. Dann wird — nach MILNE — der Raum zwischen den Kondensationen (zwischen den Fundamentalpartikeln) von Zusatzpartikeln entblößt, fast alle halten sich in der Nähe des Kondensationskernes auf, so daß wir zur Betrachtung solcher Zusatzpartikeln gedrängt werden, für welche ξ nahezu gleich Eins ist. Dann haben wir in (35) genähert $\Psi(\xi) \cong \Psi(1)$. Wegen

$$Z^2 - XY \equiv (\mathfrak{r} - \mathfrak{v}t)^2 - (\mathfrak{r} \times \mathfrak{v})^2$$

ist

$$(\xi - 1)^{\frac{3}{2}} \equiv \left(\frac{Z^2 - XY}{XY}\right)^{\frac{3}{2}} \cong \frac{|\mathfrak{r} - \mathfrak{v}t|^3}{t^3},$$

da der zweite Term in $Z^2 - XY$ vernachlässigt werden kann und $X \cong t^2$; $Y \cong 1$. Somit erhält man in der unmittelbaren Nähe der Kondensation

(36) $$\mathfrak{g}_2 \cong -\frac{\mathfrak{r} - \mathfrak{v}t}{|\mathfrak{r} - \mathfrak{v}t|^3}\cdot\frac{Ct}{\Psi(1)}.$$

Nun ist $\mathfrak{r} - \mathfrak{v}t$ der Ortsvektor $\mathfrak{R}$ einer Zusatzpartikel, gesehen von derjenigen Fundamentalpartikel P_c, relativ, zu welcher die freie momentan ruht[2]. P_c ist das momentane Symmetriezentrum des gesamten Systems der statistisch verteilten Zusatzpartikeln. Zu ihm hin erfolgt also eine Anziehung

(37) $$\mathfrak{g}_2 = -\frac{\mathfrak{R}}{|\mathfrak{R}|^3}\frac{Ct}{\Psi(1)}; \qquad |\mathfrak{g}_2| = -\frac{1}{|\mathfrak{R}|^2}\cdot\frac{Ct}{\Psi(1)},$$

[1] MILNE: WS S. 215.

[2] MILNE: WS S. 99 und 100.

deren Betrag dem Abstandsquadrat umgekehrt proportional ist. Natürlich hat sich an den Faktor $Ct/\Psi(1)$ eine Deutung anzuschließen, die die „Gravitationskonstante" und die „anziehende Masse" in der herkömmlichen Terminologie betrifft. Darüber möge man bei MILNE nachlesen.

Ein besonderer Anspruch der MILNEschen Theorie knüpft sich an die Zeittransformation (31a). Da τ die Variable ist, in welcher die Gleichungen (24) die NEWTONsche Form annehmen, da andererseits die NEWTONschen Bewegungsgleichungen dem empirischen Befund entsprechen, so ist anzunehmen, daß unsere gewöhnlichen Uhren nach der Zeit τ laufen. Nun definiert MILNE kosmische Distanzen mit Hilfe von Lichtsignalen, die zwischen Fundamentalbeobachtern hin und her gesandt werden. Geht zur Zeit t_1 ein Signal vom Koordinatenursprung O ab, kommt bei einem Fundamentalbeobachter P an, wird dort sofort reflektiert und kommt im Augenblick t_2 wieder in O an, so soll der Beobachter in O dem Ereignis des Lichtreflexes in P die Entfernung und Epoche

$$\frac{1}{2}(t_2 - t_1) = |\mathfrak{r}| = l; \quad \frac{1}{2}(t_2 + t_1) = t \tag{38}$$

zuschreiben bzw., wenn er in τ-Zeit arbeitet,

$$\frac{1}{2}(\tau_2 - \tau_1) = |\mathfrak{x}| = \lambda; \quad \frac{1}{2}(\tau_2 + \tau_1) = \tau. \tag{39}$$

Es ist aber nach (31a)

$$\begin{cases} \tau_1 = t_0 \log\dfrac{t_1}{t_0} + t_0, \\ \tau_2 = t_0 \log\dfrac{t_2}{t_0} + t_0. \end{cases} \tag{40}$$

Aus (38), (39), (40) folgt durch Elimination von τ_1, τ_2, t_1, t_2

$$\begin{cases} \lambda = \dfrac{1}{2} t_0 \log\dfrac{t + |\mathfrak{r}|}{t - |\mathfrak{r}|} & \text{oder} \quad t = t_0 e^{\frac{\tau - t_0}{t_0}} \operatorname{Cof}\dfrac{\lambda}{t_0}, \\ \tau = \dfrac{1}{2} t_0 \log\dfrac{t^2 - |\mathfrak{r}|^2}{t_0^2} + t_0 & \text{oder} \quad l = t_0 e^{\frac{\tau - t_0}{t_0}} \operatorname{Sin}\dfrac{\lambda}{t_0}. \end{cases} \tag{41}$$

(31b) ist ein Näherungsausdruck für die erste dieser Gleichungen. Setzt man

$$\frac{d|\mathfrak{r}|}{dt} = v; \quad \frac{d|\mathfrak{x}|}{d\tau} = w,$$

so folgt

$$w = \frac{v - \dfrac{|\mathfrak{r}|}{t}}{1 - \dfrac{v|\mathfrak{r}|}{t}}. \tag{42}$$

Betrachtet man im System $\mathfrak{r}, t$ von O aus eine Fundamentalpartikel P, so hat sie die Geschwindigkeit $|\mathfrak{r}|/t = \mathfrak{v}$, sie hat demnach im System $\mathfrak{x}, \tau$ die Geschwindigkeit $w = 0$, steht also in den veränderten Koordinaten still. Da aber die Fundamentalpartikel P immer, gleichgültig in welchen

Koordinaten man redet, eine Rotverschiebung zeigt, so ist anzunehmen, daß die atomaren Uhren nach der Zeit t gehen.

Somit glaubt MILNE, sagen zu dürfen[1], daß er eine Lösung habe für das von HUBBLE und TOLMAN[2] diskutierte und auch sonst oft behandelte Problem, ob die Welt sich wirklich ausdehnt oder nicht. Sie dehnt sich aus nach der t-Skala und ist statisch nach der τ-Skala. Arbeitet man mit NEWTONscher Dynamik und benutzt makroskopisch-mechanische Uhren, dann ist die Welt statisch. Benutzt man aber die „rationale" t-Dynamik mit Uhren, die die Zeit t zeigen, so dehnt sich die Welt aus. Im einen Falle beruht die Rotverschiebung darauf, daß die Frequenz der atomaren Uhren abnimmt gegenüber der Frequenz der mechanischen, im anderen Falle auf einem DOPPLER-Effekt. MILNE bringt das noch in eine andere Form: Er drückt die Koordinaten x, y, z, t eines Fundamentalbeobachters durch die neuen Größen λ, φ, ψ und τ aus vermittels der Gleichungen

$$(43)\qquad \left\{\begin{aligned} x &= t_0 e^{\frac{\tau - t_0}{t_0}} \mathfrak{Sin}\frac{\lambda}{t_0} \sin\varphi \sin\psi, \\ y &= t_0 e^{\frac{\tau - t_0}{t_0}} \mathfrak{Sin}\frac{\lambda}{t_0} \sin\varphi \cos\psi, \\ z &= t_0 e^{\frac{\tau - t_0}{t_0}} \mathfrak{Sin}\frac{\lambda}{t_0} \cos\varphi, \\ t &= t_0 e^{\frac{\tau - t_0}{t_0}} \mathfrak{Cof}\frac{\lambda}{t_0}, \end{aligned}\right.$$

die offensichtlich wieder Verallgemeinerungen von (41) sind; dabei ist also

$$(44)\qquad t_0 e^{\frac{\tau - t_0}{t_0}} = (t^2 - x^2 - y^2 - z^2)^{\frac{1}{2}} = X^{\frac{1}{2}}$$

eine LORENTZ-Invariante. In der Sprache der RIEMANNschen Geometrie, wie sie in der allgemeinen Relativitätstheorie üblich ist, sagt MILNE jetzt[3]: Jeder Fundamentalbeobachter hat in seinen Koordinaten x, y, z, t seine private Weltmetrik

$$(45)\qquad ds^2 = dt^2 - dx^2 - dy^2 - dz^2.$$

In den neuen Koordinaten aber lautet sie

$$(46)\qquad ds^2 = e^{\frac{2(\tau - t_0)}{t_0}} \left[d\tau^2 - d\lambda^2 - t_0^2 \mathfrak{Sin}^2\frac{\lambda}{t_0}(d\varphi^2 + \sin^2\varphi\, d\psi^2)\right],$$

wofür er auch schreibt

$$(47)\qquad ds = e^{\frac{\tau - t_0}{t_0}} d\sigma.$$

[1] MILNE: Kinematics, dynamics, and the scale of time. I. Proc. Roy. Soc. London (A) **158**, 324 (1937), s. besonders S. 345.

[2] HUBBLE u. TOLMAN: a. a. O., vgl. S. 60 Anm. 3.

[3] MILNE: Vgl. die S. 88 Anm. 1 zitierte Arbeit, dort insbesondere S. 180.

Hier ist τ die universelle „öffentliche" Zeit, die für alle Fundamentalbeobachter dieselbe ist. Da das Linienelement $d\sigma$ für eine vollkommen statische Welt charakteristisch ist, so wird auch noch einmal im Anschluß an diese Formel der Anspruch erhoben, in der τ-Dynamik eine Deutung der Rotverschiebung ohne wirkliche Expansion in Händen zu haben.

23. Der Zusammenhang der kinematischen mit der metrischen Kosmologie.

Wir haben in den letzten Abschnitten die Grundzüge der LORENTZ-invarianten Kosmologie ohne kritische Stellungnahme wiedergegeben, und zwar im wesentlichen in der Form und Deutung ihres Urhebers. Da MILNE sich fast in jeder auf dieses Thema bezüglichen Arbeit scharf absetzt gegen die Kosmologie der allgemeinen Relativitätstheorie, so ist zunächst zu prüfen, wie weit der Gegensatz wirklich geht.

Es ist den Arbeiten MILNEs von Anfang her anzumerken, daß er sein eigenes Problem mit der Aufstellung der LORENTZinvarianten Kosmologie verfolgte und sich dabei in verständlicher Weise seiner eigenen Methoden und Denkweisen bediente, da er in der übrigen Kosmologie keine geeigneten Hilfsmittel vorgebildet fand. Nun ist aber die mathematische Wertskala der Physiker (wir dürfen wohl hinzufügen: und Astronomen) nach STUDY „ein gar zu eindimensionales Gebilde"[1], so daß die längst für die MILNEsche Fragestellung bereitliegenden Mittel der Gruppentheorie gar nicht ausgenutzt waren. Während also MILNE sich seinen Apparat teilweise neu schuf, bewegte er sich oft, ohne es zu wissen, auf längst bekannten Gebieten.

Das Verhältnis der MILNEschen Kosmologie zu derjenigen der allgemeinen Relativitätstheorie wurde weitgehend geklärt durch Arbeiten von ROBERTSON und WALKER[2]. Das Hauptergebnis dieser Arbeiten ist an folgende Voraussetzungen geknüpft, die umfassender sind als die MILNEschen: In einer räumlichen dreidimensionalen Mannigfaltigkeit x^1, x^2, x^3, über deren metrische Struktur keinerlei Annahmen gemacht werden, seien Fundamentalbeobachter verteilt. Die Beobachter sollen eine Zeitmessung besitzen. Es ist ohne Einschränkung der Allgemeinheit möglich, anzunehmen, daß alle Beobachter die gleiche universelle Zeit haben. Die Beobachter sollen Beobachtungen über die Bewegungen von Partikeln usw. anstellen und einen Übersetzungsschlüssel ihrer jeweiligen Beobachtungen besitzen, der sich in die Form einer 6-parametrigen Gruppe von Transformationen

[1] STUDY: Einleitung in die Theorie der Invarianten usw., S. 1. Braunschweig 1923.

[2] ROBERTSON: Kinematics and world-structure. Astrophys. J. **82**, 284 (1935); **83**, 187, 257 (1936). — WALKER; Proc. London Math. Soc. Ser. **2**, **42** 90 (1937).

der Raumkoordinaten kleiden läßt[1]. Sie sollen finden, daß gleichzeitige Beobachtung an homologen Punkten gleichartige Resultate liefert (allgemeinste Form des Weltpostulates), daß also das „Aussehen" der Welt invariant ist gegenüber den Transformationen der Gruppe. — Aus diesen Voraussetzungen folgt dann, daß es *immer* möglich ist, RIEMANNsche Weltmetrik einzuführen von genau der Form und Allgemeinheit, wie sie die metrische Kosmologie bisher benutzte:

$$ds^2 = dt^2 - R^2(t)\, d\sigma^2; \qquad d\sigma^2 = \gamma_{ik}\, dx^i\, dx^k. \tag{48}$$

$d\sigma^2$ ist dabei die (positiv definite) Fundamentalform eines Raumes konstanter Krümmung. Also selbst wenn man es mit MILNE ablehnt, die Gravitation durch metrische Aussagen zu beschreiben, so wird durch die Invarianzforderung der Mannigfaltigkeit die Metrik (48) induziert, ohne daß irgendwelche Feldgleichungen herangezogen werden müssen. Verlangt man weiter, daß die Bewegungsgleichungen freier Partikeln von der zweiten Ordnung und sonst invariant seien, so bekommen sie zwangsläufig die Form

$$\left\{\begin{aligned} &\frac{dx^i}{dt} = u^i; \qquad \frac{du^i}{dt} + \overset{*}{\Gamma}{}^i_{jk} u^j u^k = u^i G(t, \Omega);\\ &\qquad\qquad \Omega = 1 - \gamma_{ik} u^i u^k R^2. \end{aligned}\right. \tag{49}$$

G ist eine beliebige Funktion seiner Argumente. $\overset{*}{\Gamma}{}^i_{jk}$ sind die CHRISTOFFEL-Symbole von $d\sigma^2$. (49) sind dann und nur dann Geodätische der Metrik (48), erfüllen also die Forderung der allgemeinen Relativitätstheorie, wenn

$$G(t, \Omega) = -(\Omega + 1)\frac{\dot R}{R}. \tag{50}$$

Andererseits verlangt die MILNEsche Dimensionshypothese, daß

$$G(t, \Omega) = \frac{1}{t} F(\Omega), \tag{51}$$

denn $G(t, \Omega)$ muß die Dimension t^{-1} haben und Ω ist dimensionslos. Ganz allgemein sind die Forderungen (50) und (51) nicht in Einklang miteinander.

Wenn aber

$$\frac{\dot R}{R} = \frac{\alpha}{t}, \quad \text{also} \quad R = \left(\frac{t}{t_0}\right)^{\alpha} \quad (\alpha \text{ eine dimensionslose Konstante}) \tag{52}$$

und wenn gleichzeitig

$$F(\Omega) = -\alpha(\Omega + 1), \tag{53}$$

[1] Die Homogenität allein würde nur durch Invarianz gegenüber einer 3-parametrigen Gruppe auszudrücken sein. Doch verlangt die Forderung der Symmetrie um jeden Punkt, also der Isotropie, die Erweiterung um die Drehgruppe. Vgl. unser Vorgehen im I. Teil.

also in einem Falle, der vom Standpunkt der metrischcn wie der kinematischen Kosmologie höchst ausgeartet ist, decken sich beider Aussagenbereiche.

Wir kommen zu dem ersten Resultat: Die Wurzel des Gegensatzes zwischen den kosmologischen Theorien von FRIEDMANN und LEMAÎTRE auf der einen Seite, die auf die allgemeine Relativitätstheorie gegründet sind, und derjenigen von MILNE auf der anderen Seite liegt darin, daß die vom Homogenitäts- und Symmetriepostulat gelieferte Form (49) der Bewegungsgleichung freier Partikeln von beiden Theorien in ganz verschiedener Form weiter spezialisiert wird: Auf der einen Seite steht das Postulat der geodätischen Linie, auf der anderen die Dimensionshypothese. Das durch (52) und (53) abgesteckte Gebiet, in welchem noch Gemeinsamkeit besteht, ist sehr eng und läßt sich nur erweitern, wenn die allgemeine Relativitätstheorie das Postulat der Geodätischen aufgäbe[1] oder wenn die MILNEsche Theorie die Dimensionshypothese fallen ließe.

Unabhängig von der Frage nach dem Bau der Bewegungsgleichungen ist der in MILNES Theorie erhobene Anspruch, für die Rotverschiebung der Nebellinien die alternativen Erklärungsmöglichkeiten zu haben, die wir oben erwähnten und die dem Übergang von der t- zur τ-Dynamik entsprechen. Typisch für diesen Anspruch scheint der Ausdruck (46) für das vierdimensionale Weltlinienelement zu sein. Diese Form des Linienelements aber läßt sich in völlig trivialer Weise immer erreichen bei allen Linienelementen der Form (48). Denn die Zeittransformation

$$d\tau = \frac{dt}{R}$$

bringt die Metrik (48) in die Form (46) $ds^2 = R^2(\tau)[d\tau^2 - d\sigma^2]$, wo in der eckigen Klammer kein τ mehr auftaucht. Mit dem gleichen Recht, das MILNE für seine Theorie in Anspruch nimmt, kann somit die metrische Kosmologie behaupten, in „statischen" Räumen ein Nachlassen der atomaren Frequenz neben der Expansion als Erklärung zu haben. Nur spielt man dann mit dem Worte statisch und deckt mit ihm die Tatsache zu, daß das Linienelement ds^2 eben noch den Faktor $R^2(\tau)$ besitzt, daß es auf die eckige Klammer allein nicht ankommt. In diesem Punkt bedient sich MILNE für eine seiner Theorie keineswegs eigentümliche Transformation nur einer bisher nicht üblichen Terminologie. Die Bedeutung von τ für optische Fragen ist systematisch von v. LAUE ausgenutzt worden[2].

---

[1] Vgl. die S. 35 Anm. 3 zitierte Arbeit. Im Grunde ist das Postulat ein Fremdkörper in der Theorie.

[2] v. LAUE: S.-B. preuß. Akad. Wiss., Phys.-Math. Kl. **1931**, 123. Vgl. auch den Abschn. 16c dieses Referats. Würde man in der hypothetischen Optik, die wir in Abschn. 9 skizzierten, $c(t) = 1/R$ setzen, so würde dort die Variable τ wieder die gleiche Rolle spielen.

Auch in Teil I leistete die Variable τ uns gute Dienste. Wir stießen dort auf die Gleichungen

$$(*)\qquad \ddot{R} = -\frac{GM}{R^2}; \qquad \frac{1}{2}\dot{R}^2 = \frac{GM}{R} + h$$

für den universellen Skalenfaktor der Welt und integrierten sie in der bekannten Form (33a, b, c). Die eigentliche Bedeutung von τ liegt hier mindestens so tief wie in der MILNEschen Theorie: Führt man nämlich die Transformation

$$\tau = \int \frac{dt}{R}; \qquad R = P^2$$

aus, so bekommt man für P die beiden Gleichungen

$$(**)\qquad \frac{d^2P}{d\tau^2} = \frac{h}{2}P; \qquad \left(\frac{dP}{d\tau}\right)^2 - \frac{h}{2}P^2 = \frac{GM}{2},$$

woraus man erkennt, daß τ ein sog. regularisierender Parameter ist, der die Singularität der Gleichungen (*) für den Fall $R = 0$ wegtransformiert[1] derart, daß das kosmologische Grundproblem auf den harmonischen Oszillator abgebildet wird.

Die Ausgangspunkte der metrischen und der kinematischen Kosmologie mögen also weit voneinander gewählt erscheinen; doch liegt in dieser Tatsache nicht die eigentliche Quelle ihres Gegensatzes. Diese entspringt vielmehr hauptsächlich der Dimensionshypothese.

24. Ungeklärte Fragen der kinematischen Kosmologie.

Zum Schluß haben wir einige Fragen aufzuwerfen, die die innere Struktur der MILNEschen Theorie betreffen. Die Fülle der wissenschaftlichen Produktion MILNEs hat es der kritischen Stellungnahme schwer gemacht, zu folgen. Der Referent kann sich somit nicht auf vorhandene Literatur stützen, sondern stellt ohne jeden Anspruch auf Vollständigkeit einige nach seiner Meinung der Klärung bedürftige Fragen heraus, ohne Antworten zu geben.

a) Fiktive Gravitationsfelder.

Es ist bekannt, daß ungeeignete Koordinatenwahl fiktive Kraftfelder vortäuschen kann: In der klassischen und besonders in der relativistischen Mechanik ist dieser Frage Aufmerksamkeit zu schenken. Aber auch die von MILNE aufgestellte, in den Abschn. 21 und 22 kurz dargestellte Dynamik und Gravitationstheorie hat auf diese Frage Rücksicht zu nehmen. Um das zu zeigen, behandeln wir folgendes Beispiel[2]:

---

[1] Diese regularisierende Rolle der „exzentrischen Anomalie" im Zweikörperproblem für den Fall des Zusammenstoßes, um etwas anderes handelt es sich ja hier in formaler Hinsicht nicht, ist natürlich längst bekannt. Diese Regularisierung bessert nichts am Unendlichwerden der Dichte ϱ, wovon Abschn. 6 handelt.

[2] GILBERT, C.: Philos. Mag., VII. s. **27**, 543 (1939).

Es sei gegeben das System von Differentialgleichungen (24) mit dem Wert $G(\xi) = -2$, also

$$\frac{d\mathfrak{v}}{dt} = -2(\mathfrak{r} - \mathfrak{v}t)\frac{Y}{X}, \tag{54}$$

auf welche alle Überlegungen der MILNEschen Dynamik anwendbar sind. Die Verteilungsfunktion $\Psi(\xi)$ ist nach (32) gegeben durch

$$\Psi(\xi) = \frac{C}{(\xi - 1)^{\frac{3}{2}}}. \tag{55}$$

MILNE wird also behaupten (s. oben), daß auch in diesem Fall die Singularität von Ψ für $\xi = 1$ die Konzentration der Zusatzpartikeln in der Umgebung der Fundamentalpartikeln ($\xi = 1$) andeute, so daß ein verlockender Zugang zu einer Theorie außergalaktischer Nebel (von Zusatzpartikeln) entstehe, deren Kerne die Fundamentalpartikeln sind. Nun führen wir die folgende Transformation durch

$$t' = \frac{t}{t^2 - r^2}; \quad x' = \frac{x}{t^2 - r^2} \quad \text{usw.}; \quad r^2 = x^2 + y^2 + z^2, \tag{56}$$

die eine vierdimensionale „Transformation durch reziproke Radien“ darstellt. Eine Neueinteilung der „Zifferblätter“ auf den Uhren der Fundamentalbeobachter und eine entsprechende Abänderung des durch Lichtsignale realisierten Entfernungsbegriffs läßt sich (56) leicht als Deutung unterlegen. Das Resultat der Transformation (56) ist dieses: Die Bewegungsgleichungen (54) vereinfachen sich zu

$$\frac{d\mathfrak{v}'}{dt'} = 0; \tag{54'}$$

so daß die Bahnen der Zusatzpartikeln in den neuen Koordinaten gerade Linien sind, die mit gleichförmiger Geschwindigkeit durchlaufen werden. Die komplizierten und von MILNE als Anzeichen von Gravitationsfeldern angesehenen Bahnen (54) sind verschwunden; es liegt nicht der mindeste Anlaß vor, von Gravitationsfeldern zu reden.

Somit besteht für die MILNEsche Gravitationstheorie die Aufgabe, zu untersuchen, ob und wann es möglich ist, durch geeignete Transformationen die Differentialgleichungen (24) in die Form (54′) zu überführen. Es ist auch hier nötig, *invariante Kriterien* für das Vorhandensein von Gravitationsfeldern zu besitzen. Die wichtigste Frage würde lauten: Welches sind die allgemeinsten Transformationen, gegenüber welchen die Gleichungen (24) zwar ihre LORENTZinvariante Form behalten, aber jeweils andere Funktionen G als Faktor haben? Erst wenn diese Frage beantwortet ist, ist es möglich, die MILNEsche Gravitationstheorie konsequent durchzuführen. Es ist dabei zweckmäßig, nicht von vornherein Dimensionshypothesen zu machen, sondern zunächst G in Abhängigkeit von X und ξ einzuführen und erst später zu spezialisieren.

b) Die Realität der Untersysteme.

Die MILNEsche Dynamik ist sehr empfindlich gegenüber Abweichungen von der Voraussetzung der strengen Homogenität. MILNE selbst hat[1] den Beweis geführt, daß bei strenger Gültigkeit des Homogenitätspostulats die dreidimensionale Gesamtheit der geradlinig-gleichförmig gegeneinander bewegten äquivalenten Fundamentalbeobachter keine diskrete Mannigfaltigkeit bilden kann, sondern kontinuierlich verteilt sein muß. Die Konzentration der Zusatzpartikeln in der Nähe der Fundamentalpartikeln ist also rein mathematisch zu verstehen; eine Interpretation dieser „Untersysteme" als Bilder außergalaktischer Nebel verlangt Abweichungen von der strengen Homogenität. Die MILNEsche Vorstellung, durch geeignete Wahl von $\Psi(\xi)$ den Raum zwischen den Fundamentalpartikeln von Zusatzpartikeln entblößen zu können, trägt also Sand in das Getriebe seiner Kosmologie. Denn nun tritt das Gravitationsgesetz (36) gerade als Folge der Vorstellung diskreter Fundamentalpartikeln auf, diese Vorstellung aber ist nur mit der genäherten Gültigkeit des Homogenitätspostulats in Einklang. Das Gravitationsgesetz wird somit *wesentlich* verknüpft mit dem *notwendig* unstrengen Teil der Theorie. In der Tat ist die MILNEsche Vorstellung der von Zusatzpartikeln umschwärmten und räumlich getrennten Fundamentalpartikeln in keiner Weise zwingend, so daß die Frage entsteht, welches denn die legitime Interpretation der formal strengen Herleitungen MILNES ist.

c) Die mittlere Strömung der Zusatzpartikeln.

Die MILNEsche Behandlung des kosmologischen Problems weist eine merkwürdige Lücke auf: Zwar gibt es eine weitgehend durchgebildete Statistik, aber keine dieser entsprechende Hydrodynamik; das soll heißen, MILNE hat es unterlassen, die Kontinuitätsgleichung (28) zu verwenden zur Herleitung von drei Bewegungsgleichungen für die „verwischte" Materie, die aus den Zusatzpartikeln besteht. Zwar diskutiert er ausführlich die durch Integration über die Geschwindigkeiten aus $f(u, v, w, x, y, z, t)$ gewonnene Raumdichte[2]; aber die mittleren Geschwindigkeiten der Zusatzpartikeln, kurz ihre Strömungskomponenten, die als Verallgemeinerung der Momente 1. Ordnung von f definiert werden müßten, werden nicht erwähnt; noch weniger der „Druck" des „Gases" der Zusatzpartikeln. Und doch kann man leicht vorhersagen, was sich ergeben würde: Die LORENTZinvariante Verteilungsfunktion im Phasenraum würde wieder ein LORENTZinvariantes Strömungsbild liefern, dessen einzig mögliche Form wir in Abschn. 20a in Gleichung (10)

[1] MILNE: WS S. 357, Anm. 8.
[2] MILNE: WS Kap. XI.

bereits hergeleitet hatten. Daraus folgt dann, daß die Zusatzpartikeln *im Mittel* (das natürlich nicht aus einfacher vektorieller Addition, sondern nur unter Beachtung des POINCARÉ-EINSTEINschen Additionstheorems der Geschwindigkeiten hergeleitet werden darf) genau die Strömung des Substrats der Fundamentalpartikeln haben, so daß es wiederum schwierig erscheint, ihren Kondensationen die Rolle von außergalaktischen Nebeln zuzuweisen.

d) Ein vereinfachtes Modell der MILNEschen Dynamik.

Um das Vorgehen MILNES bei der Aufstellung seiner Dynamik an einem vereinfachten Beispiel aufzuweisen, skizzieren wir im folgenden eine neue Dynamik kugelförmiger Sternhaufen: Wir bezeichnen die Raumkoordinaten mit x_1, x_2, x_3 und verlangen, daß die Kugelsymmetrie des Haufens streng sei, daß also die Transformationsgruppe $x_i' = a_{ik} x_k$ mit $a_{ik} a_{kj} = \delta_{ij}$ die orthogonale sei. Die einzige Invariante eines Punktes ist $A = \sum x_i^2$. Erweiterung der Gruppe durch $\dot{x}_i' = a_{ik} \dot{x}_k$ (die Geschwindigkeiten transformieren sich wie die Koordinaten) liefert die beiden weiteren Invarianten $B = x_i \dot{x}_i$; $C = \sum \dot{x}_i^2$. Das Elementarvolumen $d\omega = dx_1\, dx_2\, dx_3\, d\dot{x}_1\, d\dot{x}_2\, d\dot{x}_3$ ist eine Invariante der Dimension $\mathrm{cm}^6\,\mathrm{sec}^{-3}$. Also ist $\varphi(x_i, \dot{x}_i)\, d\omega = \psi(A, B, C)\, B^{-3} d\omega$ bei willkürlicher, aber dimensionsloser Funktion ψ die einzige invariante Koordinaten- und Geschwindigkeitsverteilung. Die Bewegungsgleichungen eines einzelnen Sternes unter der Gesamtanziehung aller anderen Sterne müssen, damit sie invariant sind, notwendig die Form haben $\ddot{x}_i = \frac{1}{A} (F B \dot{x}_i + G C x_i)$, wo F und G wieder dimensionslose Funktionen von A, B, C sind. Die Gleichungen würden mit den MILNEschen völlig identisch, wenn man statt des Zeitparameters t eine Koordinate x_i als unabhängige Variable einführt. Trieben wir nun klassische Dynamik, so hätten wir zu fordern, daß $F \equiv 0$ wäre und $G \frac{C}{A}$ eine Funktion von $A = \sum x_i^2 = r^2$ allein, so daß die rechte Seite der Bewegungsgleichungen durch den Gradienten eines skalaren Potentials darstellbar wäre. Da wir aber mit kinematischen Invarianzforderungen und einer Dimensionshypothese auskommen wollen, haben wir zusätzlich zu fordern, daß ψ, F, G alle nur von der dimensionslosen Invarianten $\eta = B^2/AC$ abhängen, die dem MILNEschen ξ entspricht. Man überzeugt sich, daß damit der Weg zur klassischen Dynamik schon verbaut ist. Wir wollen nicht weiter untersuchen, welche Unbestimmtheiten noch in einer solchen Theorie kugelförmiger Sternhaufen herrschen und wie sie evtl. zu beseitigen sind. Es sollte nur an einem naheliegenden Beispiel die Wirkungsweise der Dimensionshypothese erläutert werden.

25. Zusammenfassung des dritten Teiles.

In der kinematischen Kosmologie dient das Homogenitätspostulat nicht wie in der dynamischen und metrischen zur Konstruktion einfacher Modelle innerhalb einer großen Mannigfaltigkeit nichthomogener Modelle. Vielmehr ist das Postulat in ihr derart beherrschend, daß eine beobachtete Abweichung von der Homogenität der Anwendung der Theorie auf die Wirklichkeit ganz und gar den Boden entziehen würde. Es wird zunächst ein einfaches Weltmodell in seinen hydrokinematischen Eigenschaften aufgebaut, das gegenüber der zum Fundament gemachten LORENTZ-Gruppe invariant ist. Darauf wird der Begriff der „freien" Partikeln eingeführt und in engstem Anschluß an MILNE die Entwicklung einer neuen Dynamik und Gravitationstheorie skizziert. Einige Ansprüche der Theorie, die ihrer Sonderstellung entsprechen, werden näher geprüft und als teilweise unberechtigt erkannt. Insbesondere ist es der Theorie keinesfalls möglich (ohne terminologischen Mißbrauch zu treiben), ein statisches und ein nichtstationäres Weltmodell als alternative und gleichberechtigte Deutungen der beobachteten Rotverschiebungen zu liefern. Die Wurzel ihres Gegensatzes zu den Kosmologien der Teile I und II liegt hauptsächlich in der Dimensionshypothese. Endlich werden einige Fragen aufgeworfen, die die teilweise ungeklärte innere Struktur der Theorie betreffen.

Nachwort.

Überblicken wir noch einmal das Gebiet der Kosmologie, soweit es in diesem Referat dargestellt wurde, so sehen wir, daß wesentliche Schwierigkeiten in der Formulierung und Lösung des Grundproblems nicht aufgetaucht sind: Sehr verschiedene Methoden führten zu weitgehend ähnlichen, zum Teil übereinstimmenden Aussagen über das Verhalten von gleichförmig im ganzen endlichen oder unendlichen Raum verteilter Materie. Statische Zustände lassen sich dabei nur mit verhältnismäßig gekünstelten Annahmen verständlich machen, gleichförmige Expansion oder Kontraktion ist also eine natürliche Erscheinung in diesem abstrakten Problemkreis.

Die entfernungsproportionalen Rotverschiebungen in den Spektren der außergalaktischen Nebel zwingen uns — wenn als DOPPLER-Effekt gedeutet — zu einem Bilde der mittleren Bewegungen in den Weiten des außergalaktischen Raumes, das demjenigen merkwürdig ähnlich ist, das der abstrakten Problemstellung entsprang. Unterlegt man dann die abstrakte Theorie den Beobachtungsergebnissen als hypothetische Deutung, so entstehen keine ernsthaften Schwierigkeiten. Will man aber Theorie und Beobachtung exakt zur Deckung bringen, so werden beide über Gebühr beansprucht: Die homogenen Modelle brauchen nicht die vermutlich weniger homogene Wirklichkeit einwandfrei wiedergeben zu können; und die Beobachtungen der Helligkeiten und Anzahlen der schwächsten Nebel, ebenso wie die noch spärlichen Radialgeschwindigkeiten versagen gegenüber den Ansprüchen, die etwa zur Berechnung eines Krümmungsradius des Raumes gestellt werden müssen.

Die Verbindung der theoretischen Kosmologie mit den empirischen Rotverschiebungen ist somit natürlich und ohne Zwang möglich. In welchem Grade aber ist sie notwendig? Wenn man auch die DOPPLER-Natur der Rotverschiebungen zugibt, so braucht man doch nicht das Mißtrauen gegenüber den in die Unendlichkeit gehenden Extrapolationen fallen zu lassen. Deshalb konnte die Vorstellung entstehen[1], der bisher überschaubare Teil der Welt verdanke seinen augenblicklichen Bewegungszustand der durch Kernkräfte hervorgerufenen Explosion einer großen, endlichen Masse vor 10^9 bis 10^{10} Jahren. Als Energiequelle kommt die im Massendefekt verborgene Energie in Betracht, die ziemlich genau 1% der gesamten Ruhenergie der Materie beträgt. Eine Aussonderung der Materie, die die größeren Geschwindigkeiten in größeren Entfernungen auftreten läßt, würde sich von selbst einstellen. Eine obere Grenze für die entstehenden Geschwindigkeiten v liefert somit die Gleichung $0{,}01\, m c^2 = {}^1/_2\, m v^2$ oder $v = 0{,}14\, c = 42000$ km/sec; Geschwindigkeiten, die oberhalb dieses Wertes liegen, dürften nicht vorkommen. Diese Forderung ist zwar zur Zeit mit den Beobachtungen im Einklang; doch müßte man annehmen, daß die Nebel der 20. und 21. Größe *absolut* schwächer seien als die der 18. und 19., so daß sie höchstens ebensoweit von uns entfernt sind wie diese. Denn wenn man annähme, auch die scheinbar schwächsten Nebel seien noch im Mittel absolut ebenso hell wie die scheinbar helleren, so wäre man gezwungen, ihnen größere Geschwindigkeiten als $0{,}14\, c$ zuzuschreiben. Wir haben in Abschn. 17d durch Extrapolation der beobachteten Rotverschiebungen einen Wert $v = 0{,}23\, c = 69000$ km/sec für die schwächsten Nebel erhalten, der nicht aus dem Massendefekt bestritten werden kann, da dieser keinesfalls 2,6% der Ruhenergie der Materie liefert. Somit ist das von v. WEIZSÄCKER gezeichnete Bild nicht hinreichend, um den Beobachtungen zwanglos gerecht zu werden. Da andererseits die im früheren ausführlich behandelte Singularität der homogenen Modelle vor 10^9 bis 10^{10} Jahren durchaus genügend Spielraum für Kernreaktionen läßt, die man zum Verständnis der Verteilung der Elemente nötig zu haben glaubt, so bleibt wohl nur noch übrig, die bereits an früheren Stellen des Referats erörterte Rolle des Homogenitäts- oder Weltpostulats klar zu umreißen:

---

[1] Vgl. v. WEIZSÄCKER: Physik. Z. **39**, 633 (1938); insbesondere § 10.

Wenn wir feststellen, daß die homogenen Modelle den Beobachtungen gerecht werden, so folgt daraus nicht, daß diese Modelle vom Standpunkt der Mechanik aus zum theoretischen Verständnis des beobachteten Zustandes unserer Umgebung notwendig sind; aber sie sind (noch, vielleicht bald schon nicht mehr) hinreichend. Dann haben wir uns zu besinnen, daß das Kontinuum, als welches wir die Materie vereinfachend behandelten, ja kinematisch nichts anderes als (von Ort zu Ort veränderlich) sich drehen, dehnen und scheren kann. Und das ganze Phänomen, das so groß „Expansion der Welt" genannt wurde, ist dann nur eine lokale Dilatation in einem beschränkten Gebiete. Darüber hinaus mag der Zustand sich in unbekannter Weise ändern; wir mögen von ihm schweigen, wenn es uns genügt, die wesentliche „Harmlosigkeit" des Phänomens eingesehen zu haben; wir müssen über ihn Annahmen machen, wenn wir explizite theoretische Untersuchungen des Zustandes in unserer Umgebung anstellen wollen, denn die außerhalb gelegenen Gebiete wirken in unseres hinein. Natürlich sind die Rückschlüsse von diesen Wirkungen etwa auf die Materieverteilung in dem der direkten Beobachtung unzugänglichen Weltenraum keinesfalls eindeutig. Somit kann und soll man die extrapolierenden Annahmen, als an der Beobachtung letzthin nicht kontrollierbar, nie für Bilder der Wirklichkeit halten: Innerhalb des Spielraums unserer theoretischen Grundlagen sind sie denkbar und „möglich". Auf ihre „Wahrheit", d. h. auf ihre Übereinstimmung mit der Wirklichkeit, sind sie nicht prüfbar. Aber das konsequente Durch*denken* eines Problems kann in den Naturwissenschaften auch dann noch sinnvoll sein, wenn die Erfahrung immer weniger und zuletzt gar nicht mehr führen und mahnen kann. „Und gerade in diesen letzten Erkenntnissen, welche über die Sinnenwelt hinausgehen, wo Erfahrung gar keinen Leitfaden noch Berichtigung geben kann, liegen die Nachforschungen unserer Vernunft, die wir der Wichtigkeit nach für weit vorzüglicher und ihre Endabsicht für viel erhabener halten als alles, was der Verstand im Felde der Erscheinungen lernen kann, wobei wir, sogar auf die Gefahr zu irren, eher alles wagen, als daß wir so angelegene Untersuchungen aus irgendeinem Grunde der Bedenklichkeit oder aus Geringschätzung und Gleichgültigkeit aufgeben sollten[1]."

---

[1] KANT: Kritik der reinen Vernunft. Einleitung.

Anmerkungen

S. 1 Schon NEWTON verknüpfte die alte Vorstellung, daß der Raum bis ins Unendliche erfüllt sei mit Sternen, mit seiner Idee der universellen Gravitation. Man vergleiche seinen Brief an BENTLEY vom 10. 12. 1692.
(The Correspondence of R. BENTLEY, Vol. I, S. 47. London 1842).

S. 4 Die im letzten Absatz beginnenden Überlegungen betrachten das MACHsche Prinzip, das absolute Beschleunigungen leugnet und nur Beschleunigungen relativ zu den fernen Massen des Universums als Ursache der Trägheit anerkennt, in der NEWTONschen Mechanik als legitim. Das aber ist falsch. Vielmehr ist es legitim, in der NEWTONschen Mechanik ebenso wie in der EINSTEINschen „absolute" Rotationen zuzulassen. Man vergleiche die Anmerkungen zu S. 12 und 13.

S. 5 Die in Anmerkung 2 erwähnten KLEIN-CLIFFORDschen Raumformen sind im Zusammenhang mit der Kosmologie kurz behandelt in HECKMANN und SCHÜCKING: Relativistic Cosmology, Chap. 11. In: L. WITTEN (Edit.): Gravitation. New York and London 1962.

S. 6 Die in Anmerkung 1 aufgestellte Behauptung dürfte nicht leicht zu beweisen sein.

S. 11 Die Folgerung von (13) aus (12) ist viel einfacher, wenn man (12) nach x_k ableitet.

S. 12 und 13. Die hier eingeführte Symmetrie der Matrix a_{ik} ist unverständlich begründet und willkürlich. Wenn man sie aber annimmt, sind alle weiteren Folgerungen korrekt. Die Rücksicht auf den schiefsymmetrischen Teil von a_{ik}, also auf Rotationen des Weltsubstrats, ist durchgeführt in HECKMANN und SCHÜCKING: Z. Astrophys. **38**, 95 (1955) und **40**, 81 (1956). Sie ist ebenfalls enthalten im Artikel der gleichen Autoren in Hdb. d. Physik **53**, 489–519. Berlin–Göttingen–Heidelberg 1959. Eine Abschätzung von Grenzen des Rotationsbetrags ist versucht in HECKMANN: Astr. Journ. **66**, 599, 1961.

S. 14 und 15 (vergl. auch S. 18). Die Begründung des Potentialansatzes (20) ist unverständlich. Wie die in der vorigen Anmerkung zitierten Arbeiten zeigen, sind die auf S. 14 unten erwähnten allgemeineren Ansätze für das Potential zulässig. Die in ihnen zum Ausdruck kommende Unbestimmtheit liegt in der Natur der Sache. Der Ansatz (20) wird in dem Buche festgehalten; die aus ihm gezogenen Folgerungen sind korrekt. Sie betreffen aber nicht das *allgemeine* homogene wirbelfreie Strömungsfeld.

S. 20 Die Gln. (34) und (35) können aus (15), (16) und (20) ohne Einschränkung der Allgemeinheit gewonnen werden durch eine Hauptachsentransformation. Die weiteren Ausführungen des Abschnitts a) sind fragwürdig. Die genaue Untersuchung der Singularitäten von (34) und (35) findet man bei STÖHR: Math. Nachr. **6**, 71 (1953) und RÜSSMANN: Z. Astrophys. **48**, 39 (1959).

S. 24 bis 26 (Statistik und Thermodynamik). Die hier angeschnittenen Fragen sind etwas weitergeführt in Z. Astrophys. **40**, 86ff. (1956). Wesentlich weiter geht EHLERS und RIENSTRA (im Erscheinen 1968) und TRÜMPER (im Erscheinen 1968).

S. 26 ff. (Lichtfortpflanzung). Daß die hier vorgetragenen Betrachtungen nicht konkurrieren können mit der strengen Behandlung der Optik im Rahmen der EINSTEINschen Theorie, ist klar gesagt in Nr. 18 (S. 77).

S. 32 ff. Der zweite Teil des Buches dürfte die einzige positive Darstellung der EINSTEINschen Gravitationstheorie sein, die in unserem Lande in der Zeit von 1933—45 erschien.

S. 33 Die strenge lokale Gültigkeit von (1) in freifallenden also schwerefreien Systemen und die Tatsache der Relativbeschleunigung dieser Systeme in NEWTONschen Feldern *erzwingt* die Gültigkeit von (2). Man vergleiche z. B. Hdb. d. Physik **53**, 494ff. (1959).

S. 34 Der Schlußsatz des 1. Abschnitts „Aber ebenso wesentlich ..." ist oft nicht verstanden worden. Er wendet sich gegen die falsche Behauptung, EINSTEIN habe KOPERNIKUS entthront. KOPERNIKUS entdeckte, daß es einfacher sei, die Planetenbewegung von der Sonne aus als sie von der Erde aus zu betrachten. Er entdeckte, daß ein in der Sonne ruhendes Koordinatensystem bevorzugt ist. Diese Entdeckung bleibt auch im Rahmen der EINSTEINschen Theorie wichtig. Daß die *Gleichungen* des n-Körper Problems invariant bleiben bei Verlegung des Koordinatensystems aus irgendeinem der n-Körper in irgendeinen anderen, daß also der Ursprung des Koordinatensystems in die Sonne oder in die Erde gelegt werden kann, ist ein Resultat der NEWTONschen Mechanik.

S. 35 Gl. (3). Das Λ-Glied wird im ganzen Buch festgehalten. Die dem Term immer wieder entgegengebrachte Geringschätzung, die EINSTEIN selbst verschuldet hat, verkennt, daß der einzige strenge Weg, den wir zur Ableitung von (3) kennen, immer Λ mitliefert. Wer also der EINSTEINschen Theorie überhaupt traut, sollte auch Λ trauen und den Term nicht leichtsinnig gleich Null setzen. Vergl. MCVITTIE in: H. P. Robertson in Memoriam, S. 18ff., Philadelphia 1963.

S. 39 Zu den Ausführungen dieser Seite wollte mir E. SCHÜCKING kritische Bemerkungen liefern. Ich kann nicht ausschließen, daß er es getan hat, daß ich sie aber verloren habe. Vergl. auch STELLMACHER, Math. Ann. **115**, 740 (1938). Die Frage, ob sich auf Grund der Feldgleichungen etwaige Diskontinuitäten, d. h. Unstetigkeiten in den ersten oder zweiten Ableitungen der $g_{\mu\nu}$, längs Nullrichtungen ausbreiten, ist bejahend beantwortet worden von TREDER: Gravitative Stoßwellen. Berlin: Akad.-Verlag 1962.

S. 40 ff. Der Abschnitt 13 wäre vollkommen neu zu schreiben, etwa so wie Hdb. d. Phys. **53**, 501—504 (1959). Die im Text angedeuteten gruppentheoretischen Überlegungen findet man teilweise ausgeführt in der Literatur, die in der Anmerkung zu S. 5 angegeben ist, besonders in dem von E. SCHÜCKING verfaßten Anhang. Siehe auch EHLERS, Akad. Mainz, Abh. Math. Nat. Kl. Nr. 11 (1961).

S. 59 Vor Abschnitt 17 wäre eine Behandlung des „Horizonts" kosmologischer Modelle erwünscht. Man vergl. RINDLER: Monthly Not., London, **116**, 662 (1956).

S. 59 bis 76. Der Abschnitt 17 müßte heute neu geschrieben werden. Allerdings dürften die Unterabschnitte a) b) c) (S. 59—65) auch heute noch in Ordnung sein. Doch wären viele Ergänzungen erwünscht. Es sei hier noch einmal auf das am Ende der Vorbemerkung zitierte Buch von MCVITTIE verwiesen.

Freunde haben mehrfach das Fehlen der Behandlung des Weltalters getadelt. Man hat, um das Weltalter nicht einfach aus der reziproken HUBBLE-Konstante $\dot{R}/R$ zu gewinnen, wie es leider oft geschah, die Gleichung (33) zu integrieren. Dazu muß man vorher das Vorzeichen ε der Raumkrümmung, die kosmische Konstante Λ, die mittlere Massendichte ϱ und den gegenwärtigen Wert R_2 des universellen Skalenfaktors aus den Beobachtungen herleiten. Die Integration von (33) liefert dann $R(t)$, also auch das zu R_2 gehörige t_2, den Augenblick der Beobachtung, gerechnet vom Punkt $R = 0$ aus.

S. 65 bis 75. Die Abschnitte d) und e) sind heute in den Einzelheiten höchstens noch methodisch interessant. Man weiß, daß die HUBBLEschen Zählungen im optischen Bereich nicht weit genug reichen. Sie wurden inzwischen ersetzt durch die – nicht völlig äquivalenten – Zählungen von Radioquellen. Die Abhängigkeit der Rotverschiebung z von den scheinbaren Helligkeiten m ist zwar weiter als zu HUBBLES Zeiten zu größeren z und m ausgedehnt worden; doch ist die Unsicherheit der Daten noch immer so groß, daß eindeutige Entscheidungen für ein bestimmtes kosmologisches Modell auch heute noch von zweifelhaftem Wert sind.

S. 79 Der Abschnitt 20 sollte ersetzt werden durch die entsprechenden Ausführungen in Hdb. d. Physik **53**, S. 535, Mathematischer Anhang. Die Gleichungen (10) auf S. 82 lassen sich nicht ohne die Voraussetzung der Isotropie der Strömung ableiten.

Literaturverzeichnis.

Monographien.

1. Eddington, A. S.: The expanding universe. Cambridge 1933. Übersetzt von H. Weyl: Dehnt sich das Weltall aus? Stuttgart und Berlin 1933.
2. — Relativity theory of protons and electrons. Cambridge 1936.
3. Haas, A.: Die kosmologischen Probleme der Physik. Leipzig 1934.
4. Hubble, E.: Red-shifts in the spectra of nebulae (Halley lecture delivered on 8 May 1934). Oxford 1934.
5. — The realm of the nebulae. Oxford 1936. Übersetzt von K. O. Kiepenheuer: Das Reich der Nebel. Braunschweig 1938.
6. — The observational approach to cosmology. Oxford 1937.
7. McVittie, G. C.: Cosmological theory. London 1937.
8. Milne, E. A.: Relativity, gravitation, and world-structure. Oxford 1935.
9. Mineur, H.: L'univers en expansion. Paris 1933.
10. Tolman, R. C.: Relativity, thermodynamics, and cosmology. Oxford 1934.

A. Abhandlungen, die mit dem vorliegenden Bericht in Zusammenhang stehen.

1933.

11. Dingle, H.: On isotropic models of the universe, with special reference to the stability of the homogeneous and static states. Monthly Not. Roy. Astron. Soc. **94**, 134—158.
12. — On E. A. Milne's theory of world structure and the expansion of the universe. Z. Astrophys. **7**, 167—179. Kritik zu Nr. 19.
13. Etherington, I. M. H.: On the definition of distance in general relativity. Philos. Mag., VII. s. **15**, 761—773. — Vgl. Referat Zbl. Math. **6**, 375.
14. Kermack, W. O., and W. H. McCrea: On Milne's theory of world-structure. Monthly Not. Roy. Astron. Soc. **93**, 519—529. Kritik zu Nr. 19.
15. Kohler, M.: Beiträge zum kosmologischen Problem und zur Lichtausbreitung in Schwerefeldern. Ann. Physik (5) **16**, 129—161.
16. Lemaître, G.: Condensations sphériques dans l'univers en expansion. C. R. Acad. Sci., Paris **196**, 903.
17. — La formation des nebuleuses dans l'univers en expansion. C. R. Acad. Sci., Paris **196**, 1085—1087.
18. — L'univers en expansion. Ann. Soc. Sci. Bruxelles (A) **53**, H. 2, 81—85.
19. Milne, E. A.: World-structure and the expansion of the universe. Z. Astrophys. **6**, 1—95. Berichtigung S. 244. Erste ausführliche Darstellung der Milneschen Kosmologie. Später teilweise überholt.
20. — Remarks on world-structure. Monthly Not. Roy. Astron. Soc. **93**, 668 bis 680. Antwort auf die Kritiken der Arbeit Nr. 19.
21. — World-relations and the „cosmical constant". Monthly Not. Roy. Astron. Soc. **94**, 3—14. Vgl. Nr. 8.
22. — Note on H. P. Robertson's paper on world-structure. Z. Astrophys. **7**, 180—187. Erwiderung auf Nr. 24.
23. Robertson, H. P.: Relativistic cosmology. Rev. Modern Physics **5**, 62—90. Ausführlicher Bericht über den Stand der Theorien bis 1933.
24. — On E. A. Milne's theory of world-structure. Z. Astrophys. **7**, 153—166. Kritik zu Nr. 19.

25. Ruse, H. S.: On the measurement of spatial distance in a curved space-time. Proc. Roy. Soc. Edinburgh **53**, 79—88. — Vgl. Referat Zbl. Math. **6**, 375.
26. Sen, N. R.: On Eddington's problem of the expansion of the universe by condensation. Proc. Roy. Soc. London (A) **140**, 269—276.
27. Shapley, H.: Note on the distribution of remote galaxies and faint stars. Harvard Bull. **890**, 1—3.
28. — On the distribution of galaxies. Proc. Nat. Acad. Washington **19**, 389 bis 393. = Harvard Reprint 90.
29. — Luminosity distribution and average density of matter in twenty-five groups of galaxies. Proc. Nat. Acad. Washington **19**, 591—596. = Harvard Reprint 92.
30. de Sitter, W.: On the expanding universe and the time scale. Monthly Not. Roy. Astron. Soc. **93**, 628—634. Befürwortung unabhängiger Entwicklung von Sternen und Nebeln.
31. — On the expanding universe. Proc. Acad. Amsterdam **35**, H. 1, 596—607. Bericht über den Stand der Theorie.
32. — The astronomical aspect of the theory of relativity. Univ. California Publ. Math. **2**, Nr 8, 143—196. (Hitchcock-Lectures, gehalten im Januar 1932 an der Univ. of California.)
33. — On the motion and mutual pertubations of material particles in an expanding universe. Bull. Astron. Inst. Netherlands **7**, 97—105.
34. Takeuchi, T.: Universe without curvature. Proc. Phys.-Math. Soc. Jap., III. s. **15**, 217—221.
35. Walker, A. G.: Spatial distance in general relativity. Quart. J. Math., Oxford Ser. **4**, 71—80. Analyse des Entfernungsbegriffs.
36. Zaycoff, R.: Zur relativistischen Kosmogonie. Z. Astrophys. **6**, 128—137. Bemerkungen über nichtstatische Lösungen der Feldgleichungen.
37. Zwicky, F.: Die Rotverschiebung von extragalaktischen Nebeln. Helv. physica Acta **6**, 110—127. Allgemeine Erörterung des Problems.

1934.

38. Bok, B. J.: The apparent clustering of external galaxies. Harvard Observ. Bull. **895**, 1—8.
39. Chatterjee, N. K.: Note on the expansion of the Einstein universe by condensation. Bull. Math. Soc. Calcutta **25**, 135—138.
40. Hubble, E.: The distribution of the extragalactic nebulae. Astrophys. J. **79**, 8—76. = Mt. Wilson Contr. 485.
41. — and M. L. Humason: The velocity-distance relation for isolated extragalactic nebulae. Proc. Nat. Acad. Washington **20**, 264—268. = Mt. Wilson Comm. 116.
42. Kunii, Sh.: On Campbell's theorem and its applications to relativistic cosmology. Mem. Coll. Sci. Kyoto A **17**, 291—304. Anwendung allgemeiner Sätze auf die Frage der Ausbildung von Kondensationen und auf die Stabilität der Einstein-Welt.
43. Lemaître, G.: Evolution of the expanding universe. Proc. Nat. Acad. Washington **20**, 12—17.
44. Mayall, N. U.: A study of the distribution of extragalactic nebulae based on plates taken with the Crossley reflector. Lick Observ. Bull. 458, **16**, 177—198.
45. McCrea, W. H., and E. A. Milne: Newtonian universes and the curvature of space. Quart. J. Math., Oxford Ser. **5**, 73—80. Vgl. Nr. 8.
46. McVittie, G. C.: Milne's theory of the cosmical constant. Observatory **57**, 63—65. Kritik an Milnes kinematischer Theorie.

47. — Remarks on the geodesics of expanding space-time. Monthly Not. Roy. Astron. Soc. **94**, 476—483.

48. Milne, E. A.: World-models and world-picture. Observatory **57**, 24—27.

49. — On the theory of the cosmical constant. Observatory **57**, 99—101.

50. — The expanding universe as a thermodynamic system. Mem. a. Proc. Manchester Lit. a. Phil. Soc. **78**, 9.

51. — A one-dimensional universe of discrete particles. Quartl. J. Math., Oxford Ser. **5**, 30—33.

52. — A Newtonian expanding universe. Quart. J. Math., Oxford Ser. **5**, 64—72. Vgl. Nr. 8.

53. Reynolds, J. H.: The spatial distribution of the extragalactic nebulae within a radius of 4000 kilo-parsecs. Monthly Not. Roy. Astron. Soc. **94**, 196—203.

54. Sen, N. R.: On the stability of cosmological models. Z. Astrophys. **9**, 215 bis 224. Instabilität einer statischen Materieverteilung als Folge entstehender Inhomogenitäten.

55. de Sitter, W.: On the foundations of the theory of relativity, with special reference to the theory of the expanding universe. Proc. Akad. Wetensch. Amsterdam **37**, 597—601.

56. — On distance, magnitude and related quantities in an expanding universe. Bull. Astron. Instit. Netherlands **7**, 205—216. Vgl. Nr. 69.

57. Tolman, R. C.: Effect of inhomogeneity on cosmological models. Proc. Nat. Acad. Washington **20**, 169—176.

58. — Suggestions as to the energy-momentum principle in a non-conservative mechanics. Proc. Nat. Acad. Washington **20**, 437—439.

59. — Suggestions as to the metric in a non-conservative mechanics. Proc. Nat. Acad. Washington **20**, 439—444.

60. Walker, A. G.: Distance in an expanding universe. Monthly Not. Roy. Astron. Soc. **94**, 159—167. Analyse des Entfernungsbegriffs.

61. — The principle of least action in Milne's kinematical relativity. Proc. Roy. Soc. London (A) **147**, 478—490.

62. Wallenquist, A.: On the space distribution of the nebulae in the Coma cluster. Ann. v. d. Bosscha Sterrenwacht Lembang (Java) **4**, 6, 73—77.

1935.

63. Eddington, A. S.: The speed of recession of the galaxies. Monthly Not. Roy. Astron. Soc. **95**, 636—638. Beziehungen zwischen Kosmologie und Wellenmechanik. Vgl. Nr. 1.

64. Hubble, E., and R. C. Tolman: Two methods of investigating the nature of the nebular red-shift. Astrophys. J. **82**, 302—337. = Mt. Wilson Contr. 527. Beobachtbare Beziehungen aus einem statischen und einem nichtstatischen Weltmodell werden ausführlich analysiert im Hinblick auf spätere empirische Entscheidungen. Vgl. Nr. 87.

65. Humason, M. L.: New velocities of extragalactic nebulae. Publ. Astron. Soc. Pacific **47**, 223.

66. Keenan, P. C.: Studies of extragalactic nebulae. Part I. Determination of magnitudes. Astrophys. J. **82**, 62—74.

67. Lemaître, G.: L'expansion de l'univers. Bull. Soc. Astron. France **49**, 153 bis 168.

68. Lewis, T.: The motion of free particles in Milne's model of the universe. Philos. Mag. (7) **20**, 1092—1104.

69. McCrea, W. H.: Observable relations in relativistic cosmology. Z. Astrophys. **9**, 290—314. Ausarbeitung der Relationen zwischen Rotverschiebung,

scheinbarer Helligkeit, scheinbarem Durchmesser und Anzahlen außergalaktischer Objekte.

70. McVittie, G. C.: Gravitation in cosmological theory. Z. Astrophys. **10**, 382 bis 390. — Vgl. Referat Zbl. Math. **12**, 377.

71. — Absolute parallelism and Milne's kinematical relativity. Monthly Not. Roy. Astron. Soc. **95**, 270—279.

72. — Absolute parallelism and metric in the expanding universe theory. Proc. Roy. Soc. London (A) **151**, 357—370.

73. Milne, E. A.: The limitations of general relativity. Science Progress **115**, 534—542. Besprechung von Nr. 10.

74. Narlikar, V. V.: On the world-trajectories in Milne's theory. Philos. Mag. (7) **20**, 1062—1067.

75. Robertson, H. P.: Kinematics and world-structure. I. Astrophys. J. **82**, 284—301. Anwendung der Theorie der kontinuierlichen Gruppen auf die Kosmologie. Kritik an Milnes Theorie. Vgl. Nr. 100.

76. Sen, N. R.: On the stability of cosmological models with nonvanishing pressure. Z. Astrophys. **10**, 291—296.

77. Shapley, H.: A study of 7900 external galaxies. Proc. Nat. Acad. Washington **21**, 587—592. = Harvard Reprint 115.

78. Tolman, R. C.: Thermal equilibrium in a general gravitational field. Proc. Nat. Acad. Washington **21**, 321—326.

79. — The age of the universe from the red-shift in the spectra of extragalactic objects. Publ. Astron. Soc. Pacific **47**, 202.

80. Walker, A. G.: On the formal comparison of Milne's kinematical system with the systems of general relativity. Monthly Not. Roy. Astron. Soc. **95**, 263—269.

81. — On Riemannian spaces with spherical symmetry about a line and the conditions for isotropy in general relativity. Quart. J. Math., Oxford Ser. **6**, 81—93.

82. Whitrow, G. J.: On equivalent observers. Quart. J. Math., Oxford Ser. **6**, 249—260.

1936.

83. Bourgin, D. G.: The new relativity. Phys. Rev. (2) **50**, 864—868. Anwendung der Theorie kontinuierlicher Gruppen auf die Theorien von Milne und Page.

84. Engström, H. T., and M. Zorn: The transformation of reference systems in the Page relativity. Phys. Rev. (2) **49**, 701—702.

85. Hubble, E.: The luminosity-function of nebulae. I. The luminosity function of resolved nebulae as indicated by their brightest stars. Astrophys. J. **84**, 158—179. = Mt. Wilson Contr. 548.

86. — The luminosity function of nebulae. II. The luminosity function as indicated by residuals in velocity-magnitude relations. Astrophys. J. **84**, 270—295. = Mt. Wilson Contr. 549.

87. — Effects of red-shifts on the distribution of nebulae. Astrophys. J. **84**, 517—554. = Mt. Wilson Contr. 557. Anwendung der in Nr. 64 abgeleiteten Relationen auf neuere empirische Daten.

88. — Effects of red-shifts on the distribution of nebulae. Proc. Nat. Açad. Washington **22**, 621—627. = Mt. Wilson Comm. 120. Voranzeige von Nr. 87.

89. Humason, M. L.: The apparent radial velocities of 100 extragalactic nebulae. Astrophys. J. **83**, 10—22. = Mt. Wilson Contr. 531.

90. KOSAMBI, D. D.: Path-geometry and cosmogony. Quart. J. Math., Oxford Ser. **7**, 290—293. Studie der Bewegungsgleichungen einer freien Partikel in MILNES Kosmologie.

91. v. LAUE, M.: Theoretisches über die Helligkeit ferner Nebel. Z. Astrophys. **12**, 208—211. Überholt durch Nr. 135.

92. McCREA, W. H.: Kinematics and world-structure. Observatory **59**, 202—204. Referat zu Nr. 75 und 100.

93. MILNE, E. A.: On the foundations of dynamics. Proc. Roy. Soc. London (A) **154**, 22—52. Begründung der Dynamik aus der kinematischen Kosmologie.

94. — The inverse square law of gravitation. I. Proc. Roy. Soc. London (A) **156**, 62—85. Versuch, das Gravitationsgesetz aus der kinematischen Kosmologie zu begründen.

95. PAGE, L.: A new relativity. Paper I. Fundamental principles and transformations between accelerated systems. Phys. Rev. (2) **49**, 254—268.

96. — Paper II. Transformation of the electromagnetic field between accelerated systems and the force equations. Phys. Rev. (2) **49**, 466—469.

97. — Comments on Robertson's interpretation. Phys. Rev. (2) **49**, 946.

98. ROBERTSON, H. P.: Conservation of photons in general relativity. Phys. Rev. (2) **50**, 385.

99. — An interpretation of Page's ,,New Relativity". Phys. Rev. (2) **49**, 755—760.

100. — Kinematics and world-structure. II. Astrophys. J. **83**, 187—201. III. ebenda 257—271. Vgl. Nr. 75 und 104.

101. SEN, N. R.: On a proposed form of the principle of equivalence and the deduction of Lorentz transformation. Indian J. of Phys. **10**, 341—351.

102. SYNGE, J. L.: Limitations on the behaviour of an expanding universe. Trans. Roy. Soc. Canada, III. s. **30**, 165—178.

103. — Equivalent particle-observers. Nature **138**, 28—29. Kritik an den Kosmologien von MILNE und PAGE.

104. WALKER, A. G.: On Milne's theory of world-structure. Proc. Math. Soc. London (2) **42**, 90—127. Anwendung der Gruppentheorie auf die Kosmologie. Vgl. Nr. 75 und 100.

105. WHITFORD, A. E.: Photoelectric magnitudes of the brightest extragalactic nebulae. Astrophys. J. **83**, 424—432. = Mt. Wilson Contr. 543.

106. WHITROW, G. J.: Kinematical relativity. I. Relatively stationary observers. Proc. Math. Soc. London (2) **41**, 418—432.

107. — Paper II. Equivalent observers in uniform relative motion in skew trajectories. Proc. Math. Soc. London (2) **41**, 529—543.

108. — Photons, energy, and red-shifts in the spectra of nebulae. Quart. J. Math., Oxford Ser. **7**, 270—276. Anwendung der MILNEschen Dynamik freier Partikeln auf Photonen.

109. — World-structure and the sample principle. I. Z. Astrophys. **12**, 47—55. Neuer Zugang zum hydrokinematischen System der Fundamentalpartikeln in der MILNEschen Kosmologie. Vgl. Nr. 128.

1937.

110. TEN BRUGGENCATE, P.: Dehnt sich das Weltall aus? Naturwiss. **25**, 561 bis 566. Allgemeinverständliche und teilweise kritische Erörterung der Frage.

111. EDDINGTON, A. S.: The cosmical constant and the recession of the nebulae. Amer. J. Math. **59**, 1—8. Grundgedanken von Nr. 2.

112. — The effect of red-shift on the magnitudes of nebulae. Monthly Not. Roy. Astron. Soc. **97**, 156—163. Einfluß der Streuung in den absoluten Helligkeiten.

113. Fricke, W.: Über den Effekt der Rotverschiebung auf die Helligkeit der Spiralnebel. Z. Astrophys. **14**, 56—61. Kritik zu Nr. 87.
114. Hubble, E.: Red-shifts and the distribution of nebulae. Monthly Not. Roy. Astron. Soc. **97**, 506—513. Erwiderung auf Nr. 112 und 121.
115. Jordan, P.: Die physikalischen Weltkonstanten. Naturwiss. **25**, 513—517. Beziehung beobachteter astronomischer und physikalischer Konstanten zu dimensionslosen Weltkonstanten.
116. Keenan, P. C.: Studies of extragalactic nebulae. Part II. Comparison of Yerkes and Harvard magnitudes. Astrophys. J. **85**, 325—329.
117. Milne, E. A.: Kinematics, dynamics, and the scale of time (I). Proc. Roy. Soc. London (A) **158**, 324—348; (II) **159**, 171—191; (III) **159**, 526—547. Die allgemeinen formalen Konsequenzen der Einführung einer neuen Zeitvariablen.
118. — The inverse square law of gravitation. (II) Proc. Roy. Soc. London (A) **160**, 1—23; (III) **160**, 24—36. Vgl. (I) Nr. 93.
119. — The acceleration-formula for a substratum and the principle of inertia. Quart. J. Math., Oxford Ser. **8**, 22—31.
120. McVittie, G. C.: On the distribution of extragalactic nebulae. Monthly Not. Roy. Astron. Soc. **97**, 163—167.
121. — Nebular counts and hyperbolic space. Z. Astrophys. **14**, 274—284. Teilweise Korrektur und Weiterführung von Nr. 120.
122. — Kinematical theory and the distribution of nebulae. Z. Astrophys. **14**, 312—320. Einführung von Raumkrümmung in Milnes Modell.
123. Robertson, H. P.: Test corpuscles in general relativity. Proc. Math. Soc. Edinburgh, II. s. **5**, 63—81.
124. Shapley, H.: A survey of thirty-six thousand southern galaxies. Proc. Nat. Acad. Washington **23**, 449—453. = Harvard Reprint 140.
125. Simasaki, S.: On the dynamics in Milne's model universe. Proc. Phys.-Math. Soc. Jap. (3) **19**, 566—572. — Vgl. Referat Zbl. Math. **17**, 142.
126. Stebbins, J., and A. E. Whitford: Photoelectric magnitudes and colors of extragalactic nebulae. Astrophys. J. **86**, 247—273.
127. Vogt, H.: Der Einfluß der Rotverschiebung auf die Helligkeiten der außergalaktischen Nebel. Astron. Nachr. **263**, 167—168. Zur Kritik dieser Arbeit vgl. auch Nr. 144.
128. Whitrow, G. J.: World-structure and the sample principle. II. Z. Astrophys. **13**, 113—125. Vgl. Nr. 109.
129. Zwicky, F.: On the masses of nebulae and of clusters of nebulae. Astrophys. J. **86**, 217—246. Abschätzungen der Massen von Einzelnebeln auf Grund der Dynamik von Nebelhaufen.

1938.

130. Fricke, W.: Räumliche Verteilung und Rotverschiebungen der Spiralnebel im Milneschen Universum. Z. Astrophys. **16**, 11—20.
131. — Über die Anwendung des Entfernungsgesetzes der Spiralnebel im Milneschen Universum. Z. Astrophys. **16**, 196—197. Erwiderung auf Nr. 138.
132. Gilbert, C.: On the occurence of Milne's systems of particles in general relativity. Quart. J. Math., Oxford Ser. **9**, 185—193. Formale Beziehung zwischen der kinematischen und der metrischen Kosmologie.
133. Hoppe, J.: Der Einfluß der Rotverschiebung auf die Helligkeit der Spiralnebel. Astron. Nachr. **264**, 339—342. Berechnung der bolometrischen Korrektion bei Übertragung der Leuchtkraftverteilung in der Milchstraße auf Spiralnebel.

134. **Hubble**, E.: The nature of the nebulae. Publ. Astron. Soc. Pacific **50**, 97 bis 110.

135. v. **Laue**, M.: The apparent luminosity of a receding nebula. Z. Astrophys. **15**, 160—161. Erwiderung auf Nr. 144.

136. **McCrea**, W. H.: The geometrical foundations of certain relativity theories. Proc. Math. Soc. Edinburgh, II. s. **5**, 211—220. Vergleich von metrischer und kinematischer Kosmologie in bezug auf geometrische Eigenschaften.

137. — Note on group theory and kinematical relativity. Proc. Roy. Irish Soc. (A) **45**, 23—30. Elementare Anwendungen der Gruppentheorie auf die **Milne**sche Kosmologie.

138. **McVittie**, G. C.: Kinematical theory, curved space, and the distribution of nebulae. Z. Astrophys. **16**, 21—28. Erwiderung auf Nr. 130.

139. — The distances of the extragalactic nebulae. Monthly Not. Roy. Astron. Soc. **98**, 384—397. Kritik verschiedener impliziter Entfernungsbegriffe.

140. — Corrections to the apparent photographic magnitudes of the extragalactic nebulae. Observatory **61**, 209—214.

141. **Milne**, E. A., and G. J. **Whitrow**: On the meaning of uniform time, and the kinematic equivalence of the extragalactic nebulae. Z. Astrophys. **15**, 263—298.

142. — — On a linear equivalence discussed by L. Page. Z. Astrophys. **15**, 342 bis 353.

143. **Mowbray**, A.: Non-random distribution of extragalactic nebulae. Publ. Astron. Soc. Pacific **50**, 275—285. Vergleich der empirischen Verteilung der Nebel mit der wahrscheinlichsten.

144. **Robertson**, H. P.: The apparent luminosity of a receding nebula. Z. Astrophys. **15**, 69—81. Zusammenhang zwischen scheinbarer und absoluter Helligkeit einer Lichtquelle in einer expandierenden Welt nach der allgemeinen Relativitätstheorie.

145. **Shapley**, H.: A metagalactic density gradient. Proc. Nat. Acad. Washington **24**, 282—287. Ableitung eines Dichtegradienten aus beobachteter ungleichförmiger Nebelverteilung.

146. — Second note on a metagalactic density gradient. Proc. Nat. Acad. Washington **24**, 527—531.

147. — and R. B. **Jones**: Survey of 16639 galaxies north of declination $+70°$. Ann. Harvard Coll. Observ. **106**, Nr 1.

148. — The distribution of eighty-nine thousand galaxies over the south galactic cap. Harvard Coll. Observ. Circ. 423.

149. **Spitzer**, L. **Jr.**: The Hubble-Tolman analysis of dispersion of nebular magnitudes. Observatory **61**, 104. Beweis der Äquivalenz der Behandlung des Problems durch **Hubble**, **Tolman** (Nr. 64) und **Eddington** (Nr. 112).

150. **Wodetzky**, J.: Zur kosmologischen Deutung der Friedmannschen Gleichungen. Astron. Nachr. **267**, 127—132.

1939.

151. **Chou**, P. Y.: On the foundations of Friedmann universe. Chinese J. Phys. **3**, 76—84.

152. — Note on spherical symmetry of space and the foundations of Friedmann universe. Chinese J. Phys. **3**, 85—88.

153. **Gamow**, G., and E. **Teller**: The expanding universe and the origin of the great nebulae. Nature **143**, 116—117. Voranzeige von Nr. 154.

154. — — On the origin of the great nebulae. Phys. Rev. (2) **55**, 654—657. Die Entstehung der Spiralnebel wird durch Gravitationsinstabilitäten in einem frühen Stadium der Expansion erklärt.

155. GAMOW, G., and E. TELLER: The expanding universe and the origin of the great nebulae. Nature **143**, 375. Erwiderung auf Nr. 154.
156. GILBERT, C.: A kinematical description of a flat space-time. Philos. Mag. (7) **27**, 543—550. Übersetzung einfacher geometrischer Verhältnisse in ebenen Welten durch geeignete Transformationen in die Form der MILNEschen kinematischen Kosmologie.
157. HUBBLE, E.: The motion of the galactic system among the nebulae. J. Frankl. Inst. **228**, 131—142.
158. JEANS, J. H.: The expanding universe and the origin of the great nebulae. Nature **143**, 158—159. Bemerkung zu Nr. 150.
159. JORDAN, P.: Bemerkungen zur Kosmologie. Ann. Physik **36**, 64—70.
160. MCCREA, W.H.: Observable relations in relativistic cosmology (II). Z. Astrophys. **18**, 98—115. U. a. Erweiterung von Nr. 69 auf inhomogene Verteilungen.
161. — The evolution of theories of space-time and mechanics. Philosophy of science **6**, Nr 2. Allgemein gehaltene Übersicht über verschiedene kosmologische Theorien mit besonderer Tendenz zur Vereinheitlichung.
162. MCVITTIE, G. C.: Observation and theory in cosmology. Proc. Physic. Soc. London **51**, 529—538. Zusammenfassung früherer Arbeiten.
163. MOGHE, D. N.: On a simple system of charged particles in Milne's kinematical theory. Proc. Indian Acad. Sci., Sect. A **10**, 31—36.
164. — On the stability of motion in Milne's kinematical system. Proc. Indian Acad. Sci., Sect. A **10**, 41—44.
165. MOHOROVIČIĆ, S.: Kosmischer Raum von variabler Krümmung und das Hubblesche Phänomen. Astron. Nachr. **268**, 361.
166. SCHRÖDINGER, E.: The proper vibration of the expanding universe. Physica **6**, 899—912.
167. — Nature of the nebular red-shift. Nature **144**, 593.
168. TEMPLE, G.: Relativistic cosmology. Proc. Physic. Soc. London **51**, 465—478. Referat.
169. ZWICKY, F.: On the formation of clusters of nebulae and the cosmological time scale. Proc. Nat. Acad. Washington **25**, 604—609.

1940.

170. EIGENSON, M. S.: Cosmological relativity and relativistic cosmology. C. R. Moskau, N. s. **26**, 751—753.
171. HECKMANN, O.: Zur Kosmologie. Nachr. Ges. Wiss. Göttingen, N. F. **3**, 169 bis 181.
172. MILNE, E. A.: Cosmological theories. Astrophys. J. **91**, 129.
173. READE, V.: A possible disproof of the expanding universe theory. J. Brit. Astron. Assoc. **50**, 161.
174. ROSEN, N.: General relativity and flat space. I. Phys. Rev. (2) **57**, 147—150; II. 150—153.
175. SHAPLEY, H.: Galactic and extragalactic studies VI. Summary of a photometric survey of 35500 galaxies in high southern latitudes. Proc. Nat. Acad. Washington **26**, 166.
176. — and C. D. BOYD: Galactic and extragalactic studies. IV. Photometry of two large southern clusters of galaxies. Proc. Nat. Acad. Washington **26**, 41—49.
177. TAKENO, H.: Cosmology and conformally flat space. J. Sci. Hirosima Univ. **10**, 173—214.
178. VALLARTA, M. S.: Remarks on Zwicky's paper „On the formation of clusters of nebulae and the cosmological time scale". Proc. Nat. Acad. Washington **26**, 116.

B. Abhandlungen, die mit dem vorliegenden Bericht in keinem Zusammenhang stehen.

179. ABRAHAM, H.: Les électrons libres en astrophysique. C. R. Acad. Sci., Paris **200**, 1290—1292 (1935). Herleitung der Rotverschiebung aus Wechselwirkungen zwischen freien Elektronen und Photonen.

180. ARNOT, F. L.: Cosmological theory. Nature **141**, 1142—1143 (1938). Die Perioden makroskopischer und atomarer Vorgänge sollen in zeitlich veränderlichem Verhältnis zueinander stehen.

181. CHALMERS, J. A. and B.: The expanding universe — an alternative view. Philos. Mag. (7) **19**, 436—446 (1935). Vorschlag einer zeitlich veränderlichen PLANCKschen Konstanten *h*.

182. CLARK, J. H.: The expanding universe. Nature **132**, 406 (1933). Mit Zusatz von A. S. EDDINGTON. Alternative, die Radialgeschwindigkeiten der Nebel als abhängig von der Entfernung oder der Zeit zu deuten.

183. DIRAC, P. A. M.: The cosmological constants. Nature **139**, 323 (1937). Die in atomaren Einheiten auszudrückenden Naturkonstanten werden als zeitabhängig angenommen.

184. — A new basis for cosmology. Proc. Roy. Soc. London (A) **165**, 199—208 (1938). Dimensionslose Naturkonstanten und ihre Verknüpfungsgesetze als neue Basis einer Kosmologie.

185. EPSTEIN, P. S.: The expansion of the universe and the intensity of cosmic rays. Proc. Nat. Acad. Washington **20**, 67—78 (1934). Hohe Intensität der kosmischen Strahlung als Einwand gegen die Expansion.

186. FREEMAN, J. M.: The red-shift of the nebular spectrum lines. Phys. Rev. (2) **53**, 207 (1938). Vorschlag einer zeitlich veränderlichen Gravitationskonstanten.

187. HAAS, A.: The physical problem of the size of the universe. Phys. Rev. (2) **48**, 973 (1935). Gravitationsenergie als Ursache für die Endlichkeit der Masse und des Volumens der Welt.

188. — The size of the universe and the fundamental constants of physics. Science **84**, 578—579 (1936). Deutung der Rotverschiebung als Energieverlust der Lichtquanten.

189. — Zur Frage der physikalischen Weltkonstanten. Naturwiss. **25**, 733—734 (1937). Spekulationen über dimensionslose Konstanten.

190. — The interpretation of the red-shift of extragalactic nebulae. Phys. Rev. (2) **51**, 1000 (1937). Zeitliche Abnahme der PLANCKschen Konstanten.

191. — The relation between the gravitational constant and Hubble's factor. Phys. Rev. (2) **53**, 207 (1938).

192. JORDAN, P.: Zur empirischen Kosmologie. Naturwiss. **26**, 417—421 (1938). Über die Äquivalenz zwischen Expansionsphänomen und der Annahme zeitabhängiger Naturkonstanten.

193. MILNE, E. A.: The constant of gravitation. Nature **139**, 409 (1937). Stellungnahme zu Nr. 183.

194. NERNST, W.: Weitere Prüfung der Annahme eines stationären Zustandes im Weltall. Z. Physik **106**, 633—661 (1937).

195. SAMBURSKY, S.: Static universe and nebular red-shift I. Phys. Rev. (2) **52**, 335 bis 338 (1937). Vorschlag einer zeitlich veränderlichen PLANCKschen Konstanten.

196. — and M. SCHIFFER: Static universe and nebular red-shift II. Phys. Rev. (2) **53**, 256—263 (1938). Rotverschiebung als Folge des Schrumpfens der Maßeinheiten.

197. ZWICKY, F.: Remarks on the red-shift from nebulae. Phys. Rev. (2) **48**, 802—806 (1935). Versuch, die Rotverschiebung durch frequenzändernde Störung auf dem Lichtwege zu erklären.